虚拟现实技术与动画专业应用系列丛书

Maya

动画建模基础与实战全解析

微课视频版

张明宝 李想 李震 付建洲 高楠 杨浩婕 编著

U0227749

清华大学出版社

北京

内 容 简 介

本书采用理论与实践相结合的方式，循序渐进地介绍Maya动画建模基础与实战的相关知识。全书共5章，分别介绍Maya的基本知识、多边形建模基础、复杂道具的建模、卡通角色的建模和硬表面的建模，书中的每个知识点都配有相应的操作步骤讲解和实例演练。

本书主要面向高等学校动画相关专业的专任教师、在读学生及动画相关领域的广大科研人员。

图书在版编目（CIP）数据

Maya动画建模基础与实战全解析：微课视频版 / 张明宝等编著.—北京：清华大学出版社，2022.7
(2024.7重印)

（虚拟现实技术与动画专业应用系列丛书）

ISBN 978-7-302-60119-7

Ⅰ.①M… Ⅱ.①张… Ⅲ.①三维动画软件 Ⅳ.①TP391.414

中国版本图书馆CIP数据核字（2022）第021008号

责任编辑： 陈景辉 李 燕
封面设计： 刘 键
责任校对： 徐俊伟
责任印制： 杨 艳

出版发行： 清华大学出版社
      网   址：https://www.tup.com.cn，https://www.wqxuetang.com
      地   址：北京清华大学学研大厦A座   邮   编：100084
      社 总 机：010-83470000   邮   购：010-62786544
      投稿与读者服务：010-62776969，jsjjc@tup.tsinghua.edu.cn
      质 量 反 馈：010-62772015，zhiliang@tup.tsinghua.edu.cn
      课 件 下 载：https://www.tup.com.cn，010-83470236
印 装 者： 三河市铭诚印务有限公司
经   销： 全国新华书店
开   本： 185mm×260mm   **印   张：** 13.5   **字   数：** 295千字
版   次： 2022年9月第1版   **印   次：** 2024年7月第3次印刷
印   数： 2301～3100
定   价： 69.90元

产品编号：093415-01

Maya 是 Autodesk 公司旗下的三维建模和动画软件之一。Maya 可以大大提高影视、游戏等领域的开发、设计和创作的工作流效率。Maya 因其强大的功能，从上线以来一直备受数字艺术家的喜爱。快捷的工作流程和批量化的生产使 Maya 也成为游戏行业内不可或缺的软件工具。

本书从初学者的角度出发，全面、系统地讲解了 Maya 建模应用功能，涵盖了 Maya 建模、菜单栏等多种命令。书中在介绍软件功能的同时，还安排了针对建模各阶段的应用实例，以便帮助读者轻松地掌握软件的具体应用方法和使用技巧，以达到学以致用的目的。

本书主要内容

本书可视为一本以实例为导向的书籍，非常适合没有 Maya 软件基础的初级爱好者学习，读者可以在短时间内快速了解建模所需的相关知识。

第 1 章主要阐述 Maya 的基本知识。主要介绍关于 Maya 的界面及其功能、菜单栏、工具栏、工具箱、通道盒、时间栏及命令栏，最后介绍如何新建场景及打开场景等。

第 2 章针对多边形建模方面进行扼要阐述和实例操作。主要介绍多边形的基本概念、多边形元素层级的切换，以及多边形基本几何体的创建与属性的改变。之后详细分析了简单道具的制作过程和建模中常见的命令，如 Extrude（挤压）、Insert Edge Loop Tool（插入循环边工具）、Bevel（倒角）、Delete Edge（删除边）等操作，最后以多边形锤子实例来详细阐述简单道具建模的全流程，让读者快速消化建模命令并熟练掌握初级建模技巧。此外，还通过双翼飞机实例由浅入深、从头到尾地带领读者进行了较为复杂的建模流程。从飞机整体的大型搭建到各部件的逐步整合、优化，每个环节都细致地讲解了该步骤的建模细节，通过每个模型的构建消化了之前所学的相关建模命令，使读者在了解全流程建模的同时，掌握较复杂建模时的命令与技巧。

第 3 章主要讲解复杂道具的建模。首先从多边形的显示控制和多边形的检查与错误清理两方面简述复杂道具建模时的注意事项，介绍了 7 种多边形建模实用工具：Create Polygon（创建多边形）、Multi-Cut（多切割）、Append to Polygon Tool（添加多边形工具）、Merge（合并）、Average Vertices（均匀化顶点）、Duplicate Face（复制面）、Lattice（晶格变形），最后通过多边形吉他实例来强化巩固上述知识点。

第 4 章讲解卡通角色建模的流程及技巧。对于初学者来说，角色建模是相对复杂而且容易产生挫败感的，本章的实例通过熟悉的卡通角色造型来锻炼角色的造型能力，为后续高级人物的建模打下良好基础，同时增强复杂建模和角色建模的自信心。本章由建模技巧出发，在面对复杂角色模型的起初，讲解如何利用参考图一步步构建出精准的造型，以及角色建模的相关技巧。

第 5 章讲解硬表面建模的相关流程与技巧。硬表面建模是当今动漫游戏行业较为流行的建模内容，很多科幻类和机械类场景都需要大量的硬表面模型，能够做好逼真且艺术性十足的硬表面模型，已经成为动漫游戏行业的流行话题。本章通过冲锋枪的实例将硬表面建模中涉及的卡线、倒角、挖洞和补面等技巧进行理解与消化，为后续制作复杂硬表面模型打下坚实基础。

本 书 特 色

（1）以案例为导向、夯实基础，对基础知识点进行详细、深入的讲解。

（2）实例步骤清晰、图示详解，为实例配备详细的讲解和操作步骤图。

（3）语言简明易懂、易于上手，由浅入深地带领读者学会 Maya 动画建模。

（4）快捷建模流程方法清晰，有效地提高学习效率和知识技巧的使用率。

配 套 资 源

案例素材

程序安装指导

为便于教与学，本书配有微课视频（450分钟）、案例素材、教学课件、教学大纲、教学进度表、程序安装指导。

（1）获取微课视频方式：读者可以先扫描本书封底的文泉云盘防盗码，再扫描书中相应的视频二维码，观看教学视频。

（2）获取案例素材、程序安装指导的方式：先扫描本书封底的文泉云盘防盗码，再扫描下方二维码，即可获取。

（3）其他配套资源可以扫描本书封底的"书圈"二维码，关注后回复本书的书号下载。

读 者 对 象

本书主要面向广大动画相关专业的高等学校专任教师、高等院校在读学生及动画相关领域的广大科研人员。

编 写 团 队

本书的编写团队具有多年 Maya 建模课程的讲授经验和多年 Unity 3D、Unreal 4、C# 等技术的项目开发经验以及三维动画项目制作经验。本书由张明宝、李想负责统稿，全书的案例由李震、付建洲、高楠、杨浩婕负责编写，全书的内容由宋浩然、胡漫、詹文倩、潘怡润负责校对。

本书的编写参考了诸多相关资料，在此对相关资料的作者表示衷心的感谢。限于个人水平有限以及时间仓促，书中难免存在疏漏之处，欢迎读者批评指正。

编　者

2022 年 5 月

第 1 章　认识 Maya / 1

1.1　Maya 概述 / 1

1.2　Maya 的界面及其功能简介 / 2

　　1.2.1　Menus / 3

　　1.2.2　Menu Sets / 5

　　1.2.3　Shelf / 6

　　1.2.4　Tool Box / 6

　　1.2.5　Quick Layout / 9

　　1.2.6　Channel Box / 10

　　1.2.7　Time Slider / 12

　　1.2.8　Command Line / 12

1.3　New Scene / 12

1.4　Open Scene / 13

1.5　Save Scene / 13

第 2 章　多边形建模基础 / 14

2.1　多边形建模简介 / 14

2.2　多边形的基本概念 / 15

2.3　多边形元素层级的切换 / 15

2.4　多边形基本几何体的创建与属性的改变 / 16

2.5　简单道具的建模 / 20

　　2.5.1　Extrude / 20

　　2.5.2　Insert Edge Loop Tool / 21

　　2.5.3　Bevel / 22

　　2.5.4　Multi-Cut / 23

　　2.5.5　Smooth / 24

　　2.5.6　Delete Edge / 26

2.6　多边形锤子建模实例 / 27

　　2.6.1　参考图片的导入 / 27

　　2.6.2　制作锤子头 / 29

　　2.6.3　制作手柄 / 37

　　2.6.4　增加细节 / 38

2.7　多边形双翼飞机实例 / 40

　　2.7.1　机身的创建 / 41

　　2.7.2　机翼的创建 / 52

　　2.7.3　尾翼的创建 / 66

　　2.7.4　轮胎的创建 / 73

　　2.7.5　发动机的创建 / 88

　　2.7.6　螺旋桨的创建 / 108

　　2.7.7　机翼支架以及其他零件的创建 / 119

第 3 章　复杂道具的建模 / 126

3.1　多边形的显示控制 / 126

3.2　多边形的检查与错误清理 / 127

3.3　多边形建模工具 / 129

　　3.3.1　Create Polygon / 129

3.3.2　Multi-Cut / 130

3.3.3　Append to Polygon Tool / 131

3.3.4　Merge / 131

3.3.5　Average Vertices / 131

3.3.6　Duplicate Face / 132

3.3.7　Lattice / 132

3.4　多边形吉他实例 / 133

第4章　卡通角色的建模 / 146

4.1　基本工具 / 146

4.2　卡通建模实例 / 147

4.2.1　头部粗模 / 148

4.2.2　身体粗模 / 151

4.2.3　细化模型 / 154

第5章　硬表面的建模 / 160

5.1　硬表面建模的常用命令 / 160

5.2　消音器的制作 / 160

5.3　硬表面建模实例 / 182

5.3.1　构造整体平面大型 / 182

5.3.2　零部件处理 / 184

5.3.3　最后优化 / 206

第1章
认识Maya

教学目的

- 认识Maya。
- 了解Maya界面。
- 了解Maya基本菜单功能。

教学重点

- 掌握Maya界面的相关布局。
- 掌握File（文件）菜单中的基础命令。

1.1 Maya 概述

Autodesk Maya通常简称为Maya，是一种运行在Windows、macOS和Linux操作系统上的三维计算机图形应用程序，最初由Alias公司开发，目前由Autodesk公司拥有和开发。它用于为交互式3D应用程序（包括视频游戏）、动画电影、电视剧和视觉效果创建资源。

Maya因其完善的功能、灵活的制作方法、出色的制作效率，以及成品视觉效果的冲击力，而备受三维动画的各行各业欢迎。时至今日，Maya仍然在不断地更新和完善，它完美诠释了三维动画的先进性和可持续发展性。

Maya在电影行业的广泛应用。2003年，当Autodesk公司因技术成就获得奥斯卡奖时，Maya被指出用于电影，如《指环王：两座塔楼》、《蜘蛛侠》（2002）、《冰河世纪》和《星球大战前传2：克隆人的进攻》。自1997年以来，每部获奖电影都使用了Maya。2015年，据

VentureBeat报道，奥斯卡最佳视觉效果奖的所有电影都使用了Maya。一些利用Maya制作的实例如图1.1所示。

图1.1　Maya制作的实例

1.2　Maya 的界面及其功能简介

　　Maya的界面主要包括Menus（菜单栏）、Menu Sets（状态栏）、Shelf（工具栏）、Tool Box（工具箱）、Quick Layout（视窗编辑箱）、Channel Box（通道盒）/Layer Editor（层属性编辑器）、Time Slider（时间栏）和Command Line（命令栏）。初学者往往会被Maya复杂的英文界面吓到，不过提高建模效率的前提就是要熟练掌握Maya界面的各个功能。接下来我们就一起逐步了解吧！

　　首先，在桌面中找到Maya的快捷图标并双击启动，启动界面如图1.2所示。

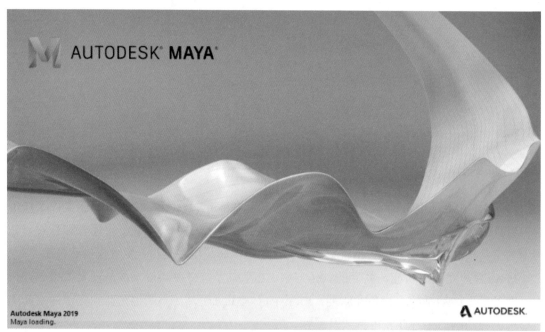

图1.2　Maya的启动界面

　　启动Maya界面后，即出现Maya的初始界面。Maya场景是由红色的X轴、绿色的Y轴和蓝色的Z轴构成的三维空间坐标轴，如图1.3所示。

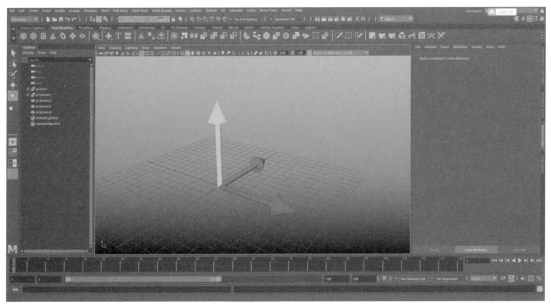

图1.3　Maya的初始界面

1.2.1　Menus

Maya的Menus（菜单栏）是所有菜单的集合，其中File（文件）菜单、Edit（编辑）菜单、Create（创建）菜单、Modify（修改）菜单、Display（显示）菜单、Windows（窗口）菜单和Help（帮助）菜单称为"公共菜单"。当切换模块后，公共菜单保持不变，而其他菜单会随之改变，如图1.4所示。

图1.4　Maya的菜单栏

随意点开一组菜单，会发现部分命令的最后带有正方形图标，这代表此命令中有参数可以定义，如图1.5所示。

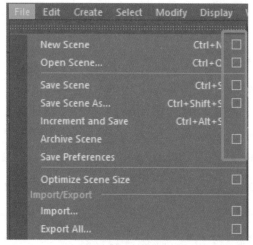

图1.5　带有正方形图标的命令

当自定义参数并单击Apply（执行）按钮后，命令就会按照定义后的参数执行，参数设置面板如图1.6所示。

图1.6　参数设置面板

三角形图标代表卷展栏扩展形式，当单击图标后，其命令组包含的所有命令即可展开显示，有些图标组具有多个子菜单，如图1.7所示。

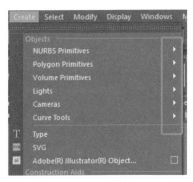

图1.7 子菜单

菜单中的一部分命令后面会显示快捷键，如果想要执行这个命令，无须去菜单栏中寻找，直接使用快捷键就可以执行该命令，部分快捷键如图1.8所示。

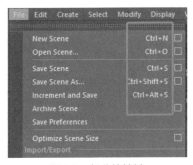

图1.8 部分快捷键

1.2.2 Menu Sets

Menu Sets（状态栏）位于菜单栏下方，用于开启或关闭显示状态、吸附状态、历史状态、渲染状态等。状态栏最左边的第一项是"模块切换"，如图1.9所示。模块分为Modeling（建模）模块、Rigging（绑定）模块、Animation（动画）模块、FX（特效）模块、Rendering（渲染）模块和Customize（自定义）模块，同时也可以通过按键盘上的F2~F6键进行切换。

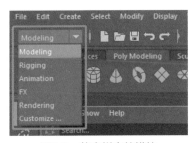

图1.9 状态栏中的模块

蓝色背景图标为开启模式，当在任意状态栏图标上单击后，即可开启和关闭该状态，如图1.10所示。

图1.10　状态栏中的各图标

状态栏上有三种"抽屉图标"，单击▮图标为展开隐藏某状态栏内容；单击▮图标为隐藏某状态栏内容；单击▮图标为显示当前状态组的独立选项，如图1.11所示。

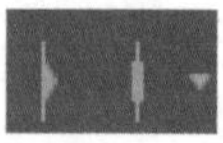

图1.11　状态栏中的抽屉图标

1.2.3　Shelf

　　Shelf（工具栏）是重要菜单内容的图形化显示集合，通过选择不同的标签进行开启。如需要将某菜单通过图形化的方式放置于此，可以将光标停留在该命令上，同时按住Ctrl+Shift组合键后单击该命令即可，此时该命令就会以图形化的方式放置在工具栏中，随后单击该图标即可使用，工具栏如图1.12所示。

图1.12　工具栏

1.2.4　Tool Box

　　场景左侧上半部分竖直放置的一栏为Tool Box（工具箱）。工具箱包括Select Tool（选择工具）、Lasso Tool（套索工具）、Paint Selection Tool（绘制选择工具）、Move Tool（移动工具）、Rotate Tool（旋转工具）以及Scale Tool（缩放工具），如图1.13所示。

图1.13　工具箱

（1）Select Tool（选择工具）：通过选择工具点选物体，当物体上呈现绿色线框时，代表为选中状态。通过选择工具选择物体后的效果如图1.14所示。

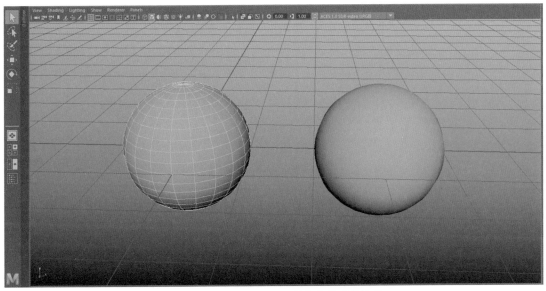

图1.14　使用Select Tool选择物体后的效果

（2）Lasso Tool（套索工具）：在视图区按住鼠标左键不放的情况下会出现"套索区域"，被套索套住的地方即表示被选中，如图1.15所示。

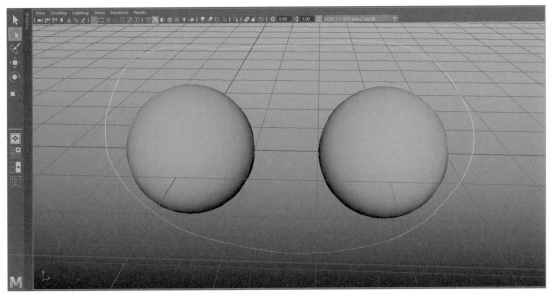

图1.15　使用Lasso Tool选择物体的效果

（3）Paint Selection Tool（绘制选择工具）：通过绘制选择工具在物体上拖曳，即可选择物体上的点、线和面元素，其在选择范围较大时使用，如图1.16所示。

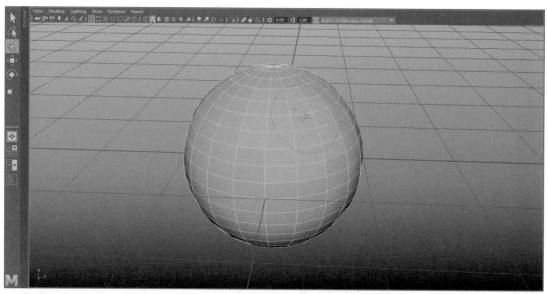

图1.16　使用Paint Selection Tool选择物体的效果

（4）Move Tool（移动工具）：通过移动工具点选物体后会出现红、绿、蓝三个轴向，单击鼠标左键拖动任意箭头后，物体即可沿此方向移动，如图1.17所示。

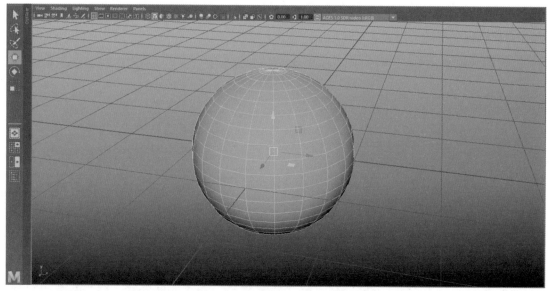

图1.17　使用Move Tool移动物体的效果

（5）Rotate Tool（旋转工具）：通过旋转工具点选物体后会出现红、绿、蓝三条环线图标，单击鼠标左键拖动任意环线图标，物体即可沿此方向旋转，如图1.18所示。

（6）Scale Tool（缩放工具）：通过缩放工具点选物体后会出现红、绿、蓝三个方块图标，单击鼠标左键拖动任意方块图标，物体即可沿此方向缩放，如图1.19所示。

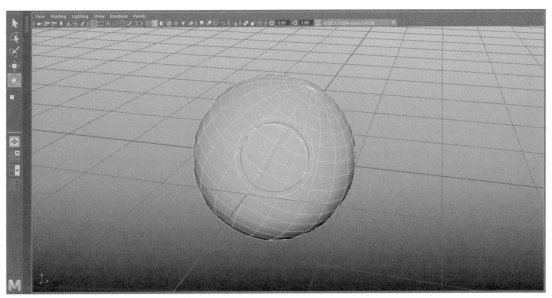

图1.18 使用Rotate Tool旋转物体的效果

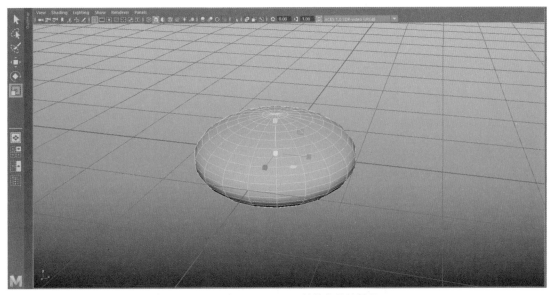

图1.19 使用Scale Tool缩放物体的效果

1.2.5 Quick Layout

位于工具箱下方的是Quick Layout（视窗编辑箱），用于调整软件当前显示的窗口。这里可以根据个人习惯进行调整，例如，调整为Single Perspective（单）视图、Four（四）视图、Front/Persp（左右）视图、Outliner（大纲）视图等，如图1.20所示。

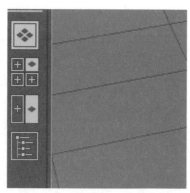

图1.20　Quick Layout

Quick Layout上第四个是Outliner（大纲）视图，所制作的每个模型以及创建的摄像机、曲线等都会在这里显示，如图1.21所示。

图1.21　Outliner视图

1.2.6　Channel Box

Maya初始界面最右侧的第一个标签为Channel Box（通道盒），如图1.22所示。当视图中创建了模型，Channel Box中就会显示出模型的部分属性，可以通过更改其属性来移动、缩放以及旋转模型。

Channel Box显示了刚刚建立球体的Translate（位移）、Rotate（旋转）、Scale（缩放）的*X*、*Y*、*Z*轴属性，以及是否Visibility（可视）属性。

Channel Box中还包含了INPUTS（输入）属性，该属性是记录模型操作历史的一个属性，对模型进行的任何操作，在这里都会被记录，INPUTS属性如图1.23所示。

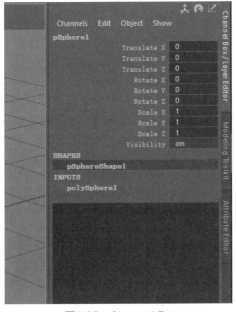

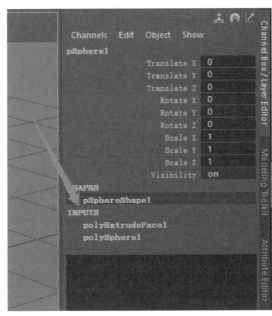

图1.22 Channel Box　　　　　　　　图1.23 INPUTS属性（记录模型操作历史）

Channel Box下方是Layer Editor（层属性编辑器），这里包含了Display（显示）和Anim（动画）两个标签。该面板上的信息也有助于快速操作模型，Layer Editor如图1.24所示。

图1.24 Layer Editor

界面右侧第二个标签是Modeling Toolkit（建模工具包），里面有建模时需要用到的一些工具。

界面右侧第三个标签是Attribute Editor（属性编辑器），通过按Ctrl+A组合键可以显示物体的相关属性，如Mesh Component Display（面元素显示）、Object Display（对象显示）和Render Stats（渲染信息）等。

1.2.7 Time Slider

Time Slider（时间栏）和动画紧密相连，由帧数组成。所谓"动画"就是在不同的时间内物体有不同的形态，由一帧一帧的画面组成动画视频，即为"动画"。时间栏的单位是Frame（帧）。Time Slider右侧是播放按钮，如图1.25所示。

图1.25　Time Slider及播放按钮

1.2.8 Command Line

Maya的命令方式由Mel和Python组成，当需要复杂或重复性极大的流程时，可通过程序的编译将复杂问题简单化，Command Line（命令栏）及帮助栏如图1.26所示。

图1.26　Command Line及帮助栏

Maya界面就是由以上这些基础UI元素组成。通过对界面的介绍，大家应该对Maya软件有了基本的认识，接下来将进入实际操作阶段。

1.3　New Scene

打开Maya时，Maya会有一个默认的场景，此时即可开始创建物体。如果想新建场景，可以单击左上角菜单栏的File（文件）命令，在弹出的快捷菜单中选择New Scene（新建场景）命令创建新的场景，也可以按Ctrl+N组合键来继续创建，新建场景如图1.27所示。

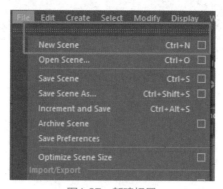

图1.27　新建场景

1.4 Open Scene

选择File（文件）→Open Scene（打开场景）命令，在弹出的对话框中选择想打开的场景，单击Open（打开）按钮即可，如图1.28所示；或按Ctrl+O组合键，也可以实现打开场景操作。

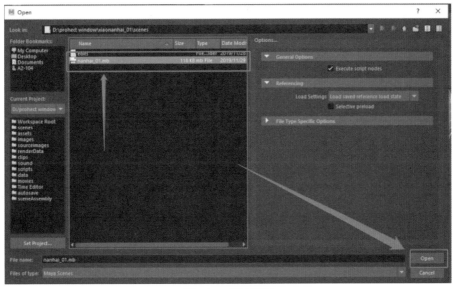

图1.28 打开场景

1.5 Save Scene

首次保存，选择File（文件）→Save Scene（保存场景）命令，在弹出的对话框中选择保存的文件地址，单击Save As（另存为）按钮进行保存。按Ctrl+S组合键，也可以实现保存场景操作，如图1.29所示。

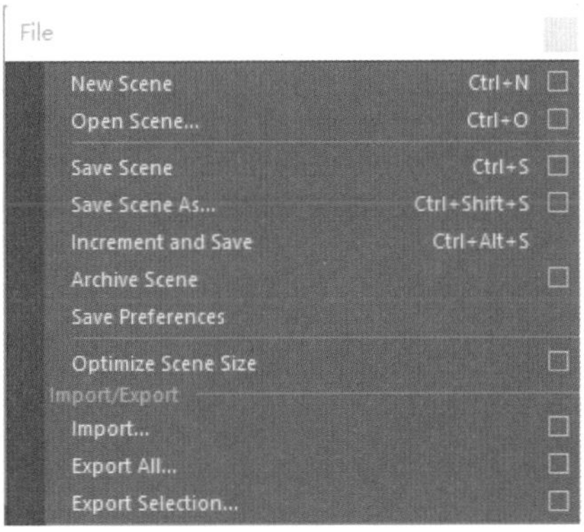

图1.29 Save Scene选项

第2章
多边形建模基础

教学目的

● 了解多边形建模方式的特点。
● 认识多边形基本元素。
● 认识多边形基本几何体。

教学重点

● 掌握多边形建模基础理论。
● 基本几何体的创建及初始参数调节。

2.1 多边形建模简介

多边形（Polygon）建模，即通过面片相互链接而形成多面物体，在三维建模过程中，具有一定数量的面片组成的模型较为圆滑，反之粗糙。在三维图形图像中，多边形建模属于3种主流建模方式（多边形建模、NURBS建模和细分建模）中的一种。它在早期主要用于游戏，随着多边形建模工具的不断改进与加强，以及新兴雕塑建模的蓬勃发展，到现在已被广泛应用于电脑图形图像制作的各个领域。

多边形从技术角度来讲比较容易掌握，在创建复杂表面时，拓扑结构可以自由定义，特别是对于细节的处理具有很大的优势。除此之外，多边形建模还有一个最大的优势是实时演算速度比其他建模方式快，在使用主流显卡显示一个具有较高细节场景的帧速率时可以达到60帧/秒甚至更高，而在同样情况下，非多边形模型的帧速率通常只有10帧/秒。

2.2 多边形的基本概念

多边形建模最基础的元素是Vertex（顶点），两个顶点连接构成一条多边形的Edge（边），三个顶点可以构成一个Triangle（三角面），一个三角面就是最简单的多边形面，多边形的组成如图2.1所示。

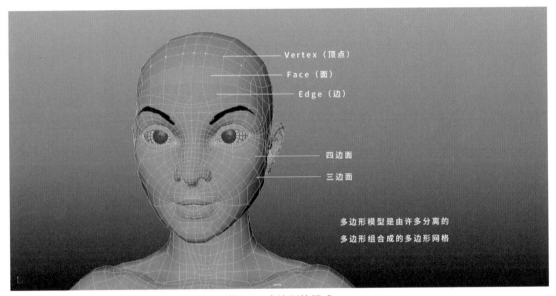

图2.1 多边形的组成

多边形模型包含如下三种基本元素。

（1）Vertex（顶点）：线段的端点，构成多边形的最基本元素。

（2）Edge（边）：一条连接两个多边形顶点的直线段。

（3）Face（面）：由多边形的边所围成的一个面。Maya允许由3条以上的边构成一个多边形面（三角面是多边形建模的基础，在渲染前每种几何表面都被转换为三角形面，这个过程称为镶嵌）。

2.3 多边形元素层级的切换

在Maya中的建模过程，都是在编辑物体。

首先右击模型，在弹出的关联菜单中进行选择（Edge：边、Vertex：顶点、Vertex Face：顶点面、Face：面、Multi：多重选择、Object Mode：对象模式），弹出的关联菜单如图2.2所示。

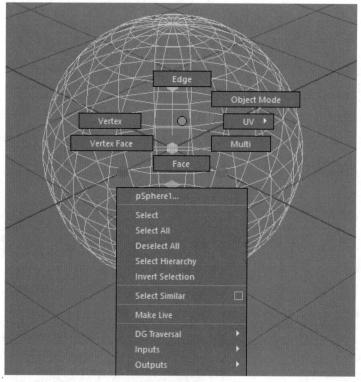

图2.2　右击关联菜单

使用Menu Sets（状态栏）上的"元素遮罩"功能图标可以开启和屏蔽对某元素的选择状态，如图2.3所示。

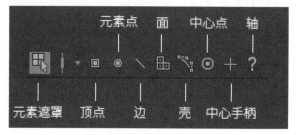

图2.3　元素模式选择元素

2.4　多边形基本几何体的创建与属性的改变

在Maya中提供了多种基本几何体，便于大家在建模初期进行选择，而且绝大多数复杂模型都是通过对基本几何体进行细化和编辑后得到的，所以熟悉基本几何体的特性及主要参数控制对于建模是非常有帮助的。

通过在菜单上选择Polygon Primitives（多边形基本几何体）选项来进行创建基本几何体，如图2.4所示。

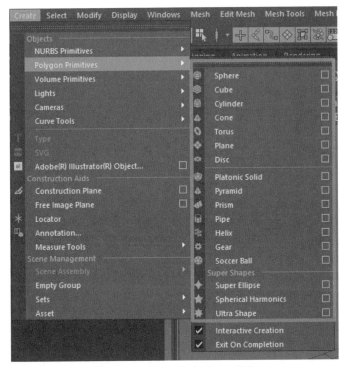

图2.4　Polygon Primitives选项

　　也可以在工具栏中的Poly Modeling（多边形建模）选项卡中选择一些比较常用的基本几何体，常用的基本几何体如图2.5所示。

图2.5　常用的基本几何体

　　这里选择Sphere（球）图标，在场景里通过拖曳来创建一个多边形球体，Maya会直接在场景的中心创建出一个多边形球体，其他几何体创建方式同理，创建出的球体如图2.6所示。

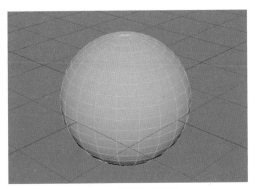

图2.6　创建出的球体

单击物体后按W键，会出现三个颜色的箭头，红、绿和蓝分别代表X、Y、Z三个坐标轴，这时拖动蓝色的轴向后，球体会向该轴向进行"位移"，如图2.7所示。

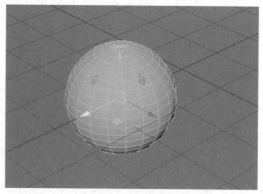

图2.7　移动物体示例

这时右侧的Channel Box中蓝色Z轴的"位移"数值会发生改变，双击数字后也可以手动修改，物体属性参数如图2.8所示。

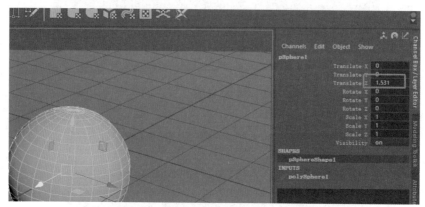

图2.8　物体属性参数

单击物体后按R键，可以对所选物体或元素进行"缩放"，也就是放大和缩小。当单击红、绿和蓝色方块后，拖动鼠标即可达到单轴向缩放；单击黄色方块为整体缩放，物体缩放如图2.9所示。

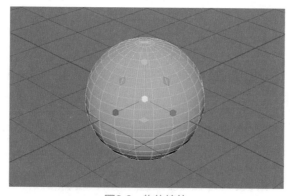

图2.9　物体缩放

与位移的思路相同，可以在Channel Box中输入具体的数值来改变缩放结果，物体属性参数如图2.10所示。

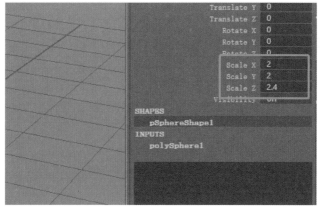

图2.10　物体属性参数

当按E键时，拖动圆弧可发现物体会随着圆弧的转动而"旋转"，物体旋转如图2.11所示。

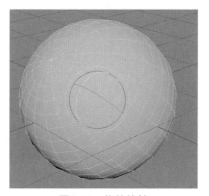

图2.11　物体旋转

同样在右侧Channel Box中其属性进行了改变，当输入一个准确数值时，系统会精准地进行"旋转"，物体属性参数如图2.12所示。

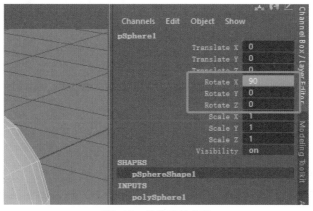

图2.12　物体属性参数

2.5 简单道具的建模

2.5.1 Extrude

Extrude（挤压）可以说是多边形建模里用得最多的建模方式，它是针对不同的选择元素（点、线、面）来产生向外挤出的效果，对于边和面的挤压还可以使用操纵器再进行更高级的调节。

首先建立一个正方体，按住鼠标右键并拖动光标至Vertex（顶点）模式，选择一个需要挤出的点，之后按住Shift键并右击，选择Extrude Vertex（挤出点）选项，挤出点如图2.13所示。

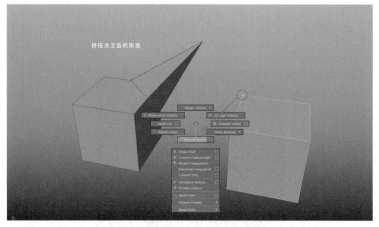

图2.13 挤出点

同理，也可以进行Extrude Edge（挤出边）和Extrude Face（挤出面），选中需要挤出的边或者面，按住Shift键并右击，拖动光标下滑进行挤出，挤出边和挤出面如图2.14所示。

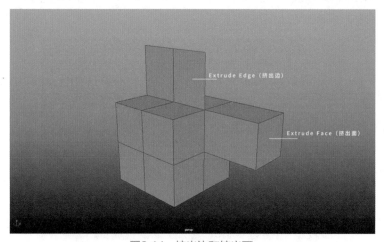

图2.14 挤出边和挤出面

2.5.2 Insert Edge Loop Tool

对模型进行细化通常需要在模型表面加入更多的结构线，"循环加线"是常用手段之一，它可以在一系列连续四边面中间插入一条新的结构线，同时也保证了拓扑结构不被破坏，Maya提供了多种实现循环加线的方式。

选择物体，按住Shift键的同时右击，选择Insert Edge Loop Tool（插入循环边工具），在需要添加环形边的边上单击，就插入了一条环形边。环形边经过的地方必须为四边面，如果出现三边或者多边的面就无法穿过。插入环形边后一定要按住鼠标右键，回到Object Mode（对象模式），插入循环边如图2.15所示。

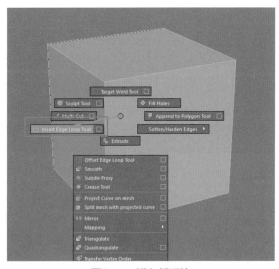

图2.15 插入循环边

右击切换到Edge模式：按住Shift键并右击，选择Insert Edge Loop Tool（插入循环边工具），如图2.16所示。

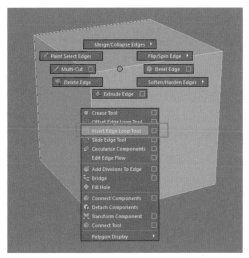

图2.16 插入循环边

当需要快速插入一条"中线"时，可以用另一种方法来精准地分出来一条中线。首先切换到边模式，选中需要加中线的边，按Ctrl键并右击选择Edge Ring Utilities（边缘环实用程序）选项，然后在其子菜单里选择右下角的To Edge Ring and Split（边环切割）选项，即可分出"中线"，加中线如图2.17所示。

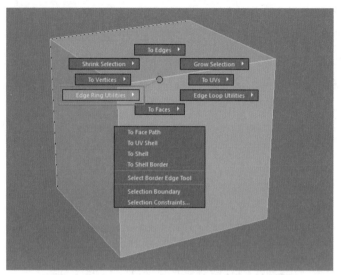

图2.17　加中线

2.5.3　Bevel

通过Bevel（倒角）命令，可以让边产生棱角和圆滑的倒角效果。选中需要"倒角"的边，按住Shift键并右击，向右拖动光标选择Bevel Edge（倒角边）选项，可以让模型边缘产生"倒角"或"圆角"的效果，它能让物体边缘看起来有更多细节，更圆滑，真实感更强，倒角如图2.18所示。

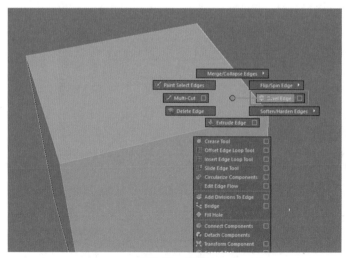

图2.18　倒角

对"倒角"效果的控制可以通过两个参数来实现，分别为Fraction（数值）和Segments（分段数），倒角属性如图2.19所示。

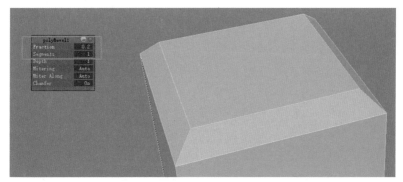

图2.19 倒角属性

Segments（分段数）值越高，"倒角"越圆滑，倒角分段数如图2.20所示。

图2.20 倒角分段数

2.5.4 Multi-Cut

Multi-Cut（多切割）工具可以通过一个切割平面在任意多边形表面加入一条边或者连接两个顶点成一条边，而且还可以从这条边分离多边形。"多切割"也是一种常用的加线方式，与其他几种加线方式稍有差别，它不用在乎模型表面的拓扑结构。

不管是在点、线、面或者对象模式下，按住Shift键并右击，选择Multi-Cut选项，即可快速切换到多切割模式。

通过前面的加线方法是无法在这种连续三角面的情况下加线的，这时就可以用到切割工具。按住Shift键，同时单击并调整线的位置。Multi-Cut工具如图2.21所示，切割示意图如图2.22所示。

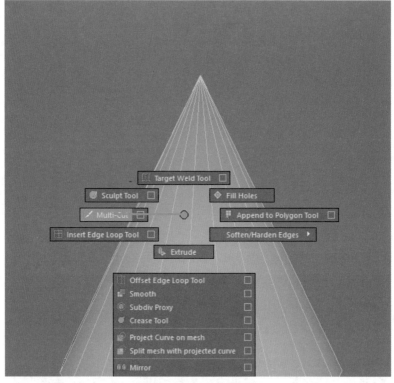

图2.21 Multi-Cut工具

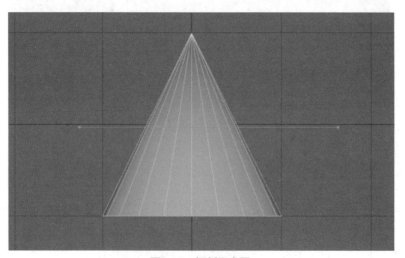

图2.22 切割示意图

2.5.5 Smooth

Smooth（平滑）命令可以让模型看起来更圆滑，在最终渲染时，多数情况下都会为模型增加一个Smooth命令。建模时也可以用它来增加模型表面的细分，让模型拥有更多的结构线以供编辑。Smooth命令适用于制作人物以及武器等模型，平滑如图2.23所示。

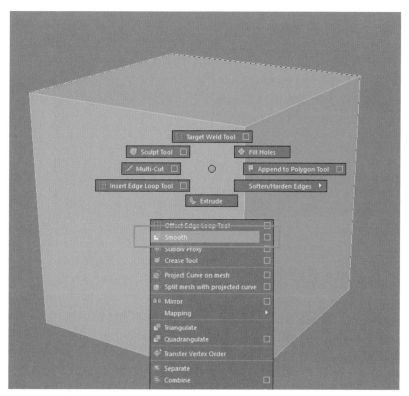

图2.23 平滑

选中物体，按住Shift键并右击，选择Smooth选项。一级平滑如图2.24所示。

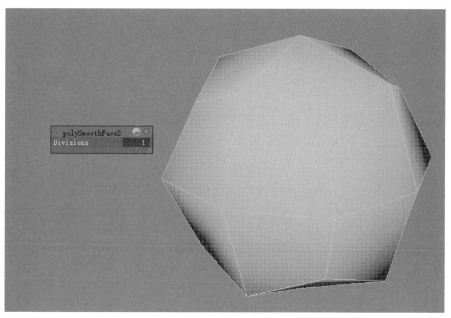

图2.24 一级平滑

Divisions（细分级别）：数值越多，面数就越高，"平滑"不可过多，要恰到好处。三级平滑如图2.25所示。

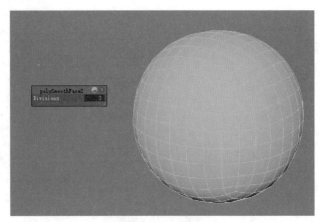

图2.25　三级平滑

2.5.6　Delete Edge

在建模时，对于不需要的边可以删除。删除不需要的边时，选中它之后不要直接按Backspace键，而是用Maya专门提供的Delete Edge（删除边）命令。

选中所需要删除的边后，按住Shift键，同时右击并往左下方滑动，再通过Delete Edge命令进行删除，如图2.26所示，这样删除的边不会留下多余的顶点，因为多余的顶点会形成多边面，给建模带来一些不必要的操作，所以从刚开始就养成一个好习惯对于以后的建模效率来说十分重要。

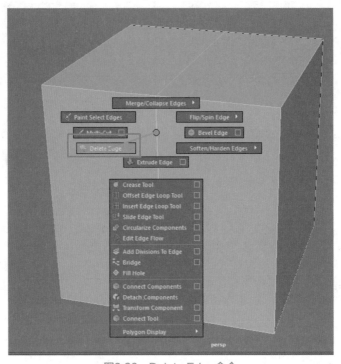

图2.26　Delete Edge命令

2.6　多边形锤子建模实例

下面将利用所学知识来制作一个多边形锤子道具模型，锤子参考图如图2.27所示。

图2.27　锤子参考图

2.6.1　参考图片的导入

在建模时，为了让形体把握更准确，可以使用图片来参考，锤子侧面参考图如图2.28所示。

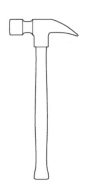

图2.28　锤子侧面参考图

在Maya界面中按一下空格键，默认窗口即分为四个，四视图如图2.29所示。

四视图分别对应着top（顶）视图、side（侧）视图、front（正）视图和persp（透）视图。

选择side视图中左上角的View（视域）→Image Plane（图像平面）命令，在弹出的子菜单中选择Import Image（导入图片）选项，导入图像如图2.30所示。

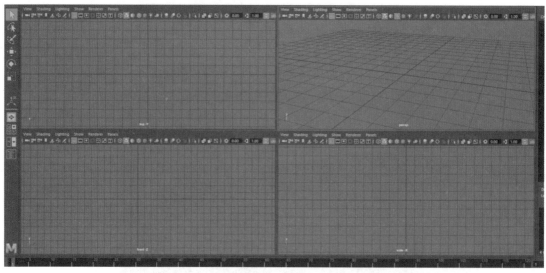

图2.29 四视图

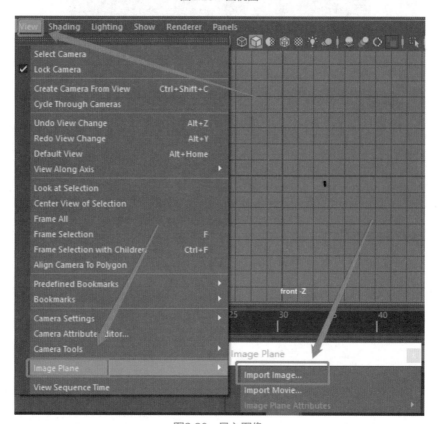

图2.30 导入图像

　　找到锤子的参考图后，单击Open（打开）按钮，参考图就出现在视图中。

　　锤子由两部分组成，一个是金属锤头，另一个是木制手柄。所以在建模时最好分开来处理，这样也为后面的材质制作提供方便。

2.6.2　制作锤子头

选择Create（创建）→Polygon Primitives（多边形基本几何体）→Cube（立方体）命令，首先创建一个多边形立方体，对比参考图，按R键将其缩放至合适的大小，在制作过程中可以按4键跳转到线框模式与参考图进行对比，创建基本立方体如图2.31所示。

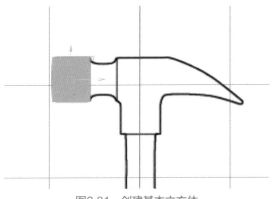

图2.31　创建基本立方体

然后对右侧的面进行"挤压"操作。选择物体后按住鼠标右键，选择Face（面）元素，接下来选择面并按住Shift键，同时按住鼠标右键，选择Extrude Face（挤压面）命令后呈现挤出面状态，如图2.32所示。

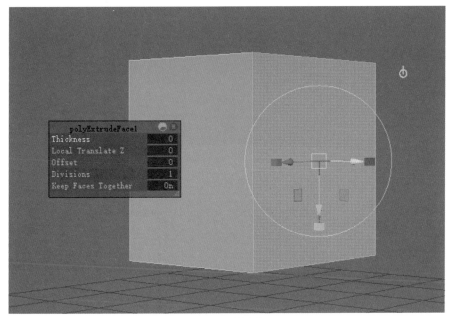

图2.32　挤出面

接着按R键，向内拖曳中间黄色的方块，对面进行整体缩小，缩小面如图2.33所示。

再次执行Extrude Face（挤压面）命令，拖动垂直于当前面上的箭头，拖动箭头如图2.34所示。

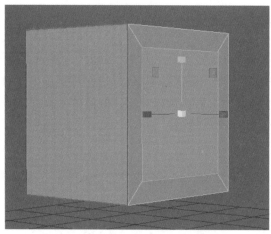

图2.33 缩小面

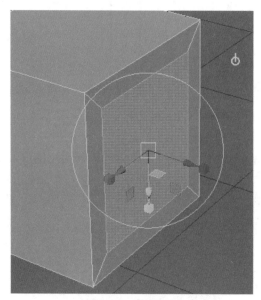

图2.34 拖动箭头

拖动到与参考图所对应的位置，对应位置如图2.35所示。

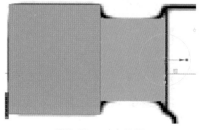

图2.35 对应位置

重复执行Extrude Face（挤压面）命令，按R键拖曳中间黄色方块图标，将其整体放大（请对照着参考图进行放大），整体放大后的挤出面如图2.36所示。

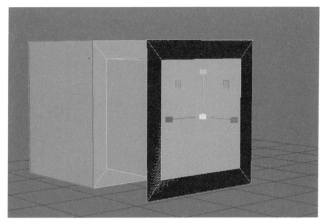

图2.36 整体放大后的挤出面

再次执行Extrude Face（挤压面）命令，拖动箭头到相应的位置，另一个挤出面如图2.37所示。

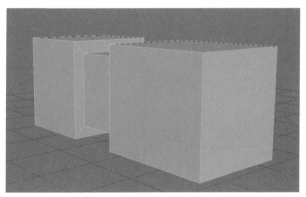

图2.37 另一个挤出面

使用Insert Edge Loop Tool（插入循环边工具），在侧视图上根据手柄的位置加入循环边，插入循环边如图2.38所示。

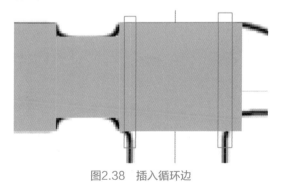

图2.38 插入循环边

切换到persp（透视图），选中下面的面，再次执行Extrude Face（挤压面）命令，第三个挤出面如图2.39所示。

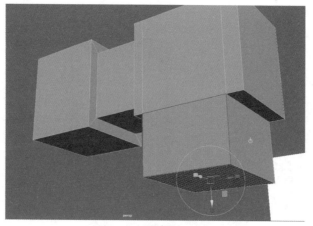

图2.39　第三个挤出面

为了保证整体效果，在添加Smooth命令后不至于变得太软，需要在边缘及一些转折位置加线，以保证这部分区域的硬度。这里使用Insert Edge Loop Tool（插入循环边工具）进行加线，这种操作在行业内叫作"卡线"，卡线如图2.40所示。

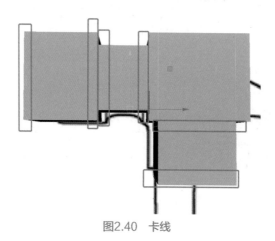

图2.40　卡线

卡线完成后进行一次平滑处理，平滑后效果如图2.41所示。

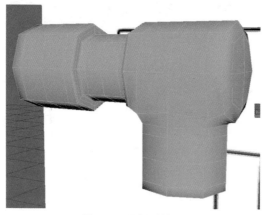

图2.41　平滑后效果

接下来做右侧的锤子分叉，首先选中图2.42所示的除了十字线以外的边，按Shift键的同时右击，选择Delete Edge命令，删除多余的边。

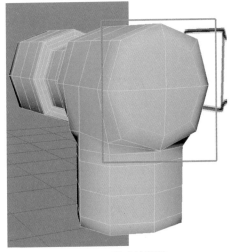

图2.42　选中边删除

随后进入Vertex模式选项，移动点并把后面的面调整得比较方一些，调整顶点如图2.43所示。

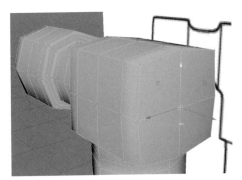

图2.43　调整顶点

选择一半的面，然后执行Extrude Face命令，挤出面如图2.44所示。

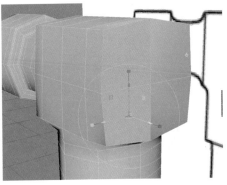

图2.44　挤出面

　　在执行Extrude Face命令后，切换到side视图并根据参考图锤子头部的位置进行对位，如图2.45所示。

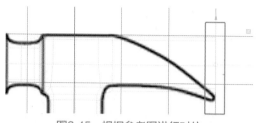

图2.45　根据参考图进行对位

　　同理，另一边也挤出面到同样位置，挤出后转换到Vertex模式，把中间分叉处的点分开一段距离，分开点的距离如图2.46所示。

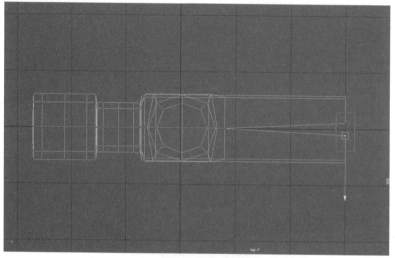

图2.46　分开点的距离

　　这时切换到persp视图，选中右侧的四个面进行上下挤压，使其具有一个锐度，当前的效果如图2.47所示。

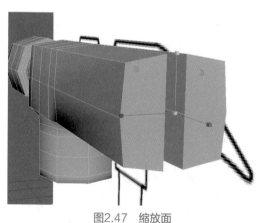

图2.47　缩放面

　　缩放完成后，根据side视图的参考图进行上下调整，调整后的位置如图2.48所示。

图2.48 调整后的位置

位置调整完成后可以适当增加一些小细节，让锤子头部看起来更尖锐。切换到Vertex模式，按4键切换到Wireframe（线框）模式以方便观察，细节调整如图2.49所示。

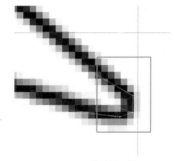

图2.49 细节调整

接下来在锤子头加一些布线，使其弯曲并具有一定弧度。按住Shift键同时右击选择物体，选择Insert Edge Loop Tool（插入循环边工具）后面的"方块"，如图2.50所示。

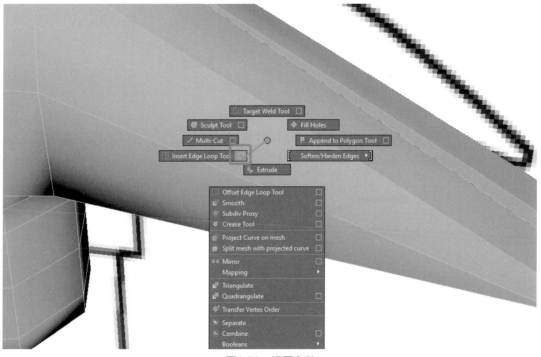

图2.50 设置参数

在弹出的参数设置面板中，选择Multiple edge loops（多重环形边）单选按钮，在Number of edge loops（环形边数量）文本框中输入数值3，更改的参数如图2.51所示。

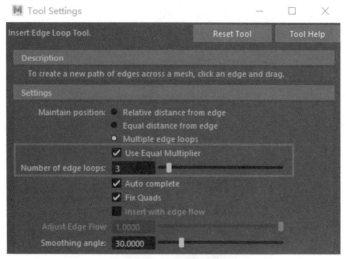

图2.51 更改的参数

调整好参数后，在物体上单击一下，就多出了三条环形边，如图2.52所示。

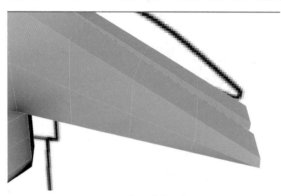

图2.52 插入多条环形边

插入环形边后按一下W键，切换到移动工具模式。右击物体，选择Edge（边）模式，对线进行调整，如图2.53所示。

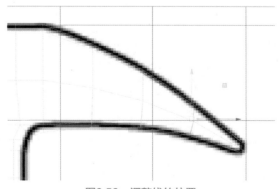

图2.53 调整线的位置

2.6.3 制作手柄

调整好线后，锤子头就制作完成了，接下来做手柄。创建一个Cube（多边形立方体），通过基本几何体缩放，调整长度使其与参考图一致，缩放后的效果如图2.54所示。

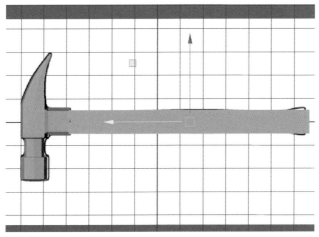

图2.54 基本几何体缩放后的效果

选择手柄对其首尾处进行卡线处理，这样平滑后才会保持当前状态，不会跑形，如图2.55所示。

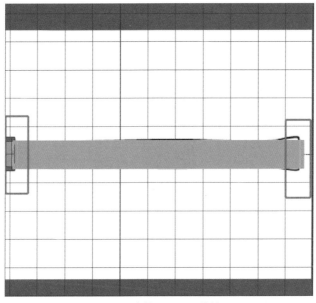

图2.55 卡线及平滑后的效果

切换到Edge（边）模式，双击手柄选中一圈线后，对其进行等比例放大处理，通过调整使其与参考图一致。当有的地方线不够时则无法调整，可以使用Insert Edge Loop Tool命令来增加更多的线。手柄调整到与参考图一致的效果如图2.56所示。

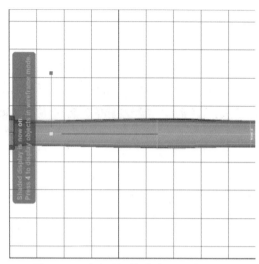

图2.56　手柄调整到与参考图一致的效果

2.6.4　增加细节

锤子头和手柄两部分都调整完成后，可以通过按3键在视图平滑显示模式下观察模型。此时可以看到，目前的模型整体感觉太软，金属及木头的质感没有表现出来，更像是橡皮做的，所以有必要再做适当细化，让边缘转折的硬度更强，平滑显示下的效果如图2.57所示。

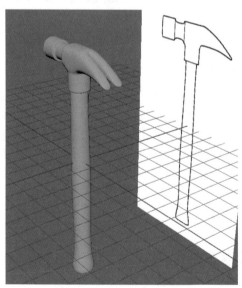

图2.57　平滑显示下的效果

在建模过程中可通过之前所讲的"卡线"方法来增加模型的硬度。卡线方式有很多种，比较常用的命令是Bevel、Insert Edge Loop Tool、Multi- Cut。这里将使用Insert Edge Loop Tool命令来进行卡线，卡线位置（竖）如图2.58所示。

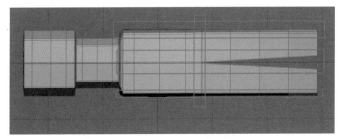

图2.58　卡线位置（竖）

手柄的顶部和底部都需要卡线，卡线位置（横）如图2.59所示。

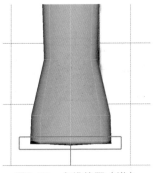

图2.59　卡线位置（横）

卡线完成后锤子的整体效果如图2.60所示。

图2.60　卡线完成后锤子的整体效果

可以复制一组并摆放一个造型，最终效果如图2.61所示。

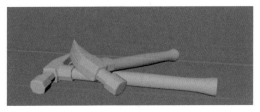

图2.61　最终效果

本节主要通过一个简单的实例讲解了几个常用的多边形建模命令的使用，此时，读者应该对多边形建模流程有了一个清晰的认识，并掌握了在建模过程中处理边缘软硬度的方法，希望读者在今后的运用中能够加以领会。

2.7　多边形双翼飞机实例

　　2.6节中通过多边形建模的简单案例了解了建模流程中的塑形、加线、圆滑和卡线等基础操作，接下来将通过多边形双翼飞机实例，在巩固前面所学知识点的同时，了解较为复杂的多边形建模方法，通过更多参考图片构建更为精细、具有更多细节物体组合的模型内容。

　　一多边形双翼飞机的正视图如图2.62所示，其侧视图如图2.63所示，其顶视图如图2.64所示，其零部件如图2.65所示；其实例图片如图2.66所示。

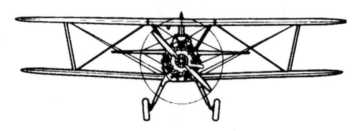

图2.62　多边形双翼飞机的正视图

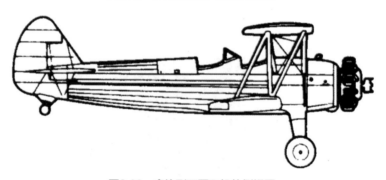

图2.63　多边形双翼飞机的侧视图

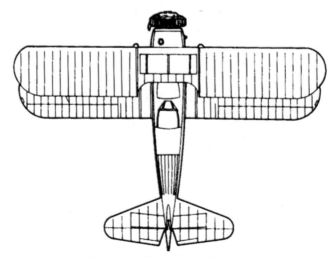

图2.64　多边形双翼飞机的顶视图

图2.65　多边形双翼飞机的零部件

图2.66　多边形双翼飞机的实例图片

2.7.1　机身的创建

首先，使用一些Maya自带的基本几何形体将飞机的大型拼凑出来，这样可以更准确、更快速地制作细节，飞机整体大型的搭建如图2.67所示。

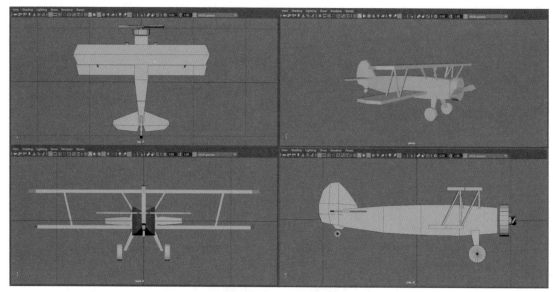

图2.67　飞机整体大型的搭建

在视图区框选所有物体，按Ctrl+G组合键进行打组。然后在Outliner（大纲视图）中双击白色的组图标，将文件名重命名为Plane_C。再在右侧的Layer Editor（图层编辑器）的Display（显示）中，选择Layers（层）→ Create Layer from Selected（从选择的创建层）命令，这时就会创建出一个层显示图层。接着在最右侧的方块中单击一下，出现一个T字母，此时观察物体已经出现了灰色线框，即代表被冻结，效果如图2.68所示。

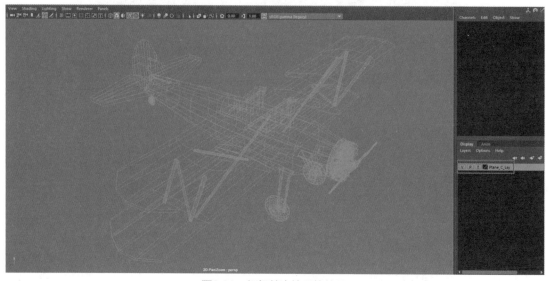

图2.68　打组并冻结后的效果

在工具栏中创建一个多边形圆柱体（Cylinder），在Channel Box的Rotate X（旋转X轴）中输入90，单击物体并按R键，然后按住鼠标左键拖曳绿色方块，通过调整使其与灰色冻结物体大小一致，这时创建的多边形圆柱体如图2.69所示。

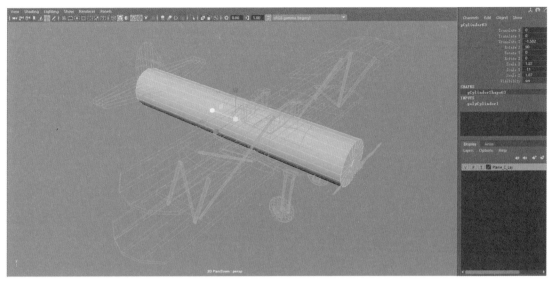

图2.69　创建的多边形圆柱体

多边形圆柱体的线段数过多，根据需求应该减少线段数，在初级建模开始，应用最少的线段制作最适合的形体。选择Cylinder选项，单击通道栏中的INPUTS输入节点按钮，找到Subdivisions Axis（细分轴），设置为12段，Subdivisions Height（细分高度）设置为6段，如图2.70所示。

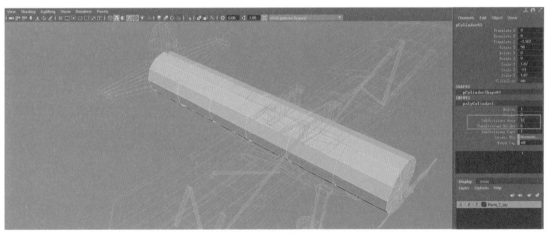

图2.70　调整细分数

右击物体，单击Vertex模式按钮，如图2.71所示。

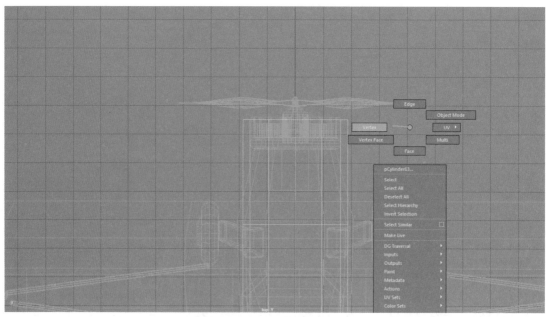

图2.71　切换Vertex模式

在top视图框选一排点，按R键，根据飞机参考图片进行缩放，缩放后的表面尽量保持平滑，调整机身具体形如图2.72所示。

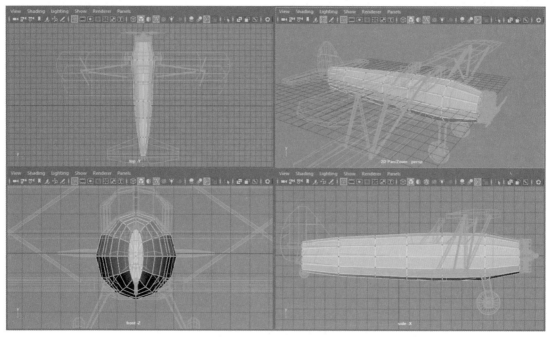

图2.72　调整机身具体形

观察飞机参考图，机身底部是平的，所以右击物体，切换到Face（面）层级，选择底部面后，按R键，在上下方向上进行压缩，压缩底部面如图2.73所示。

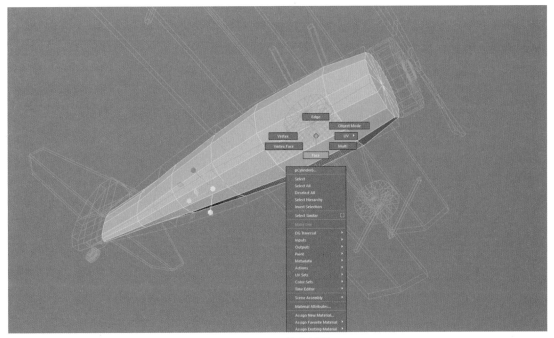

图2.73 压缩底部面

机身顶部的螺旋桨裸露在外部，需要扣动。接下来右击机身，选择最前面的一圈面，按Shift键的同时右击，然后选择Extrude Face选项，挤出面的效果如图2.74所示。

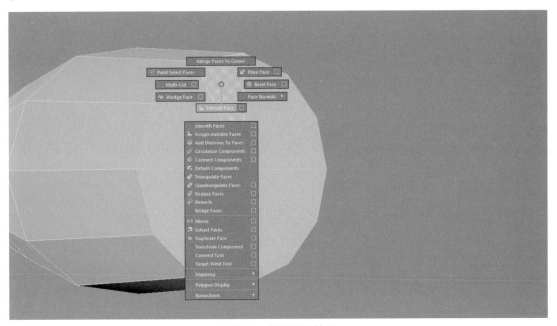

图2.74 挤出面的效果

选择Extrude Face选项后，在旁边的浮动参数栏中，单击参数栏选择Offset（偏移）选项，向内收缩面，向内收缩面的效果如图2.75所示。

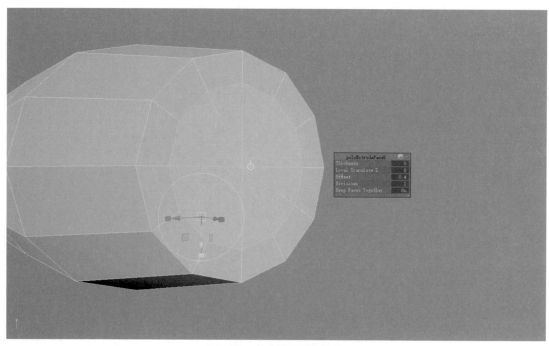

图2.75　向内收缩面的效果

确定收缩厚度后右击，切换到Object Mode（对象模式），取消挤压命令。每次"挤压命令"完成后，都必须还原回Object Mode，如图2.76所示。

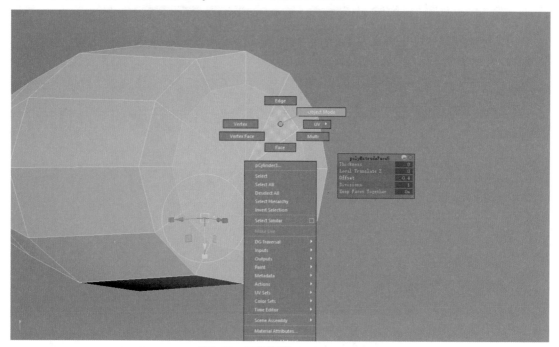

图2.76　切换回到Object Mode

选中刚刚挤压出来的小面，再次执行Extrude Face命令，选中蓝色箭头，沿Z轴往内移动，使其具有深度，完成后回到Object Mode，再次挤出面如图2.77所示。

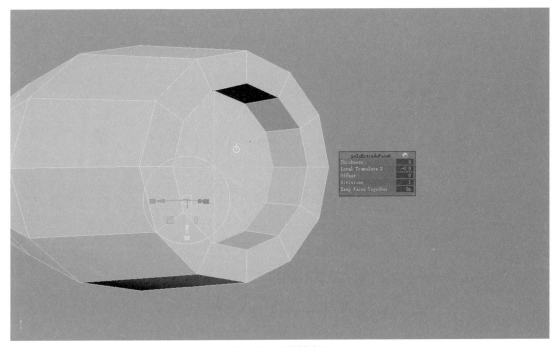

图2.77 再次挤出面

创建多边形环（polyTorus），如图2.78所示，调整细分数如图2.79所示。将其放置在机身前端，与机身前端契合。

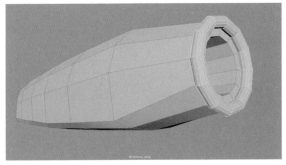

图2.78 创建圆环

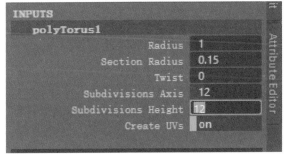

图2.79 调整细分数

接下来制作座舱部分，由于目前纵向的段数过少，因此需要添加一些段数才能将座舱的位置分离出来，参考图片如图2.80所示。

图2.80 参考图片

选择机身并按住Shift键，同时选择Multi-Cut工具选项，如图2.81所示。

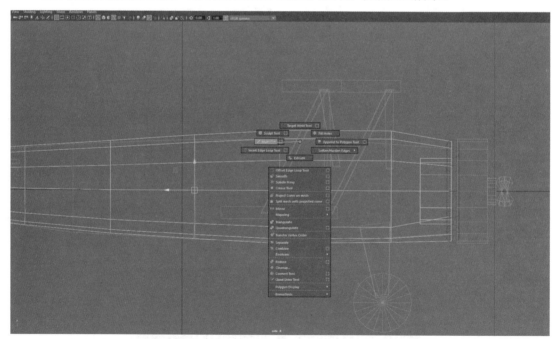

图2.81 Multi-Cut工具

此时，光标变为小刀形状后按住Ctrl键，物体上移动光标就会看见，可以沿一个面切割一条段落，然后增加纵向的段落，如图2.82所示。切割后，就可以有足够的段落来分离座舱部分。

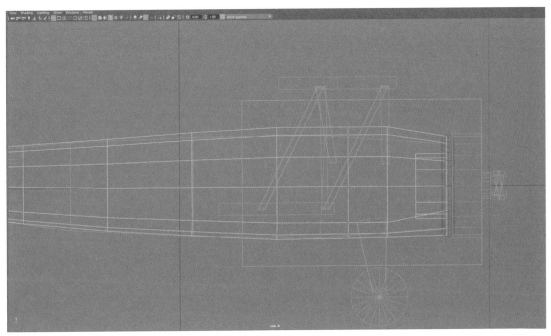

图2.82 增加段数

为了符合参考图中座舱的形状，增加段数后，需要进入Vertex级别，调整点的位置，使其调整为一个座舱的形状。在side视图中选择点选项，一定要框选，这样才能选中前后两个重叠的点，调整座舱的位置如图2.83所示。

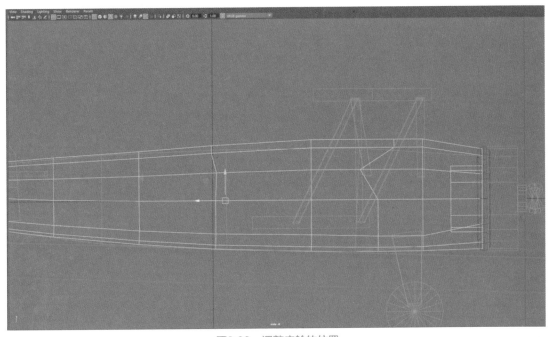

图2.83 调整座舱的位置

选中两个点后右击，选择Face级别选项，选择制作座舱的面如图2.84所示。

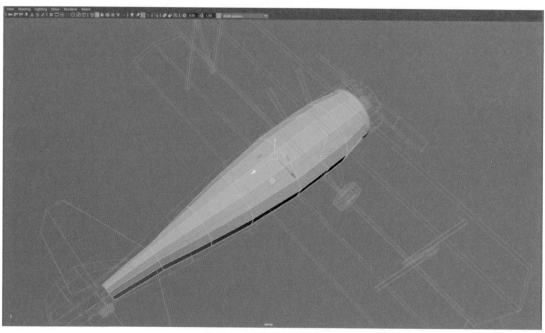

图2.84　选择制作座舱的面

在Modeling（模型）模块中，选择Edit Mesh（编辑面）→Extract（提取）选项，将选择的面分离出来，提取面如图2.85所示。

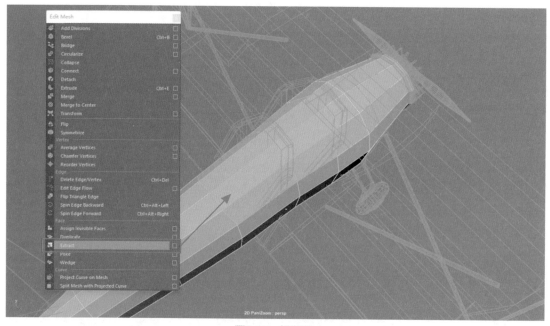

图2.85　提取面

切割下来的面段数较少，按住Shift键并右击，选择Multi-Cut工具选项增加段数，增加的段数如图2.86所示。

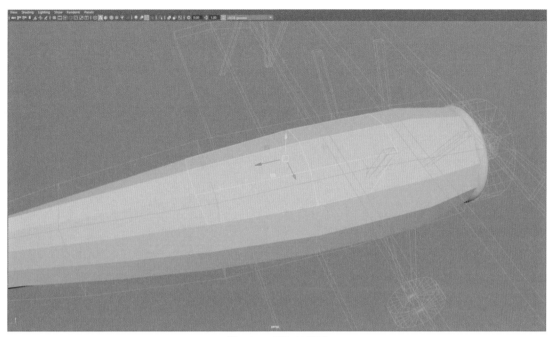

图2.86 增加的段数

为了制作座舱的深度，需要选择相应的面进行挤压，按Q键取消Multi-Cut模式，按住鼠标右键往下滑动切换到Face模式，选择座舱面如图2.87所示。

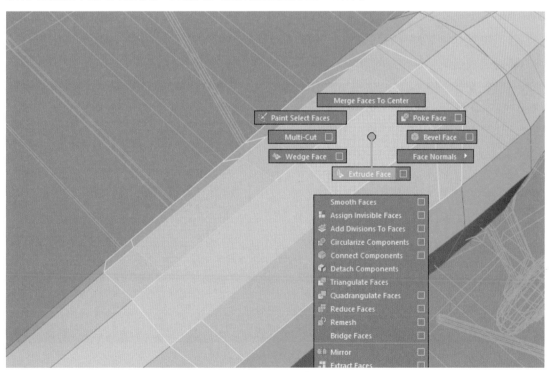

图2.87 选择座舱面

在浮动面板中，修改Thickness（厚度）选项，让座舱具有一定深度，如图2.88所示。

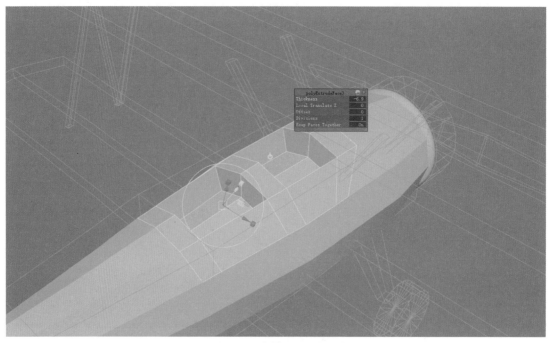

图2.88 让座舱具有一定深度

2.7.2 机翼的创建

接下来制作机翼部分。工具架上选择Cube（多边形立方体）选项，根据参考模型和图片，移动缩放后调整至合适的位置，建立并调整立方体，如图2.89所示。

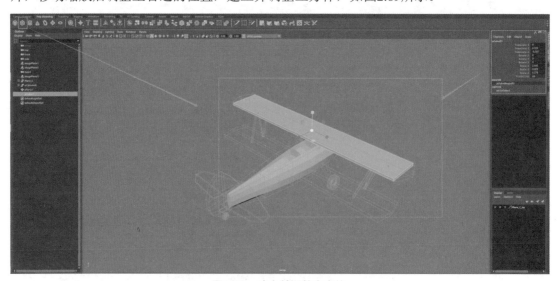

图2.89 建立并调整立方体

创建好后，调整段落，调整立方体的细分数，如图2.90所示。

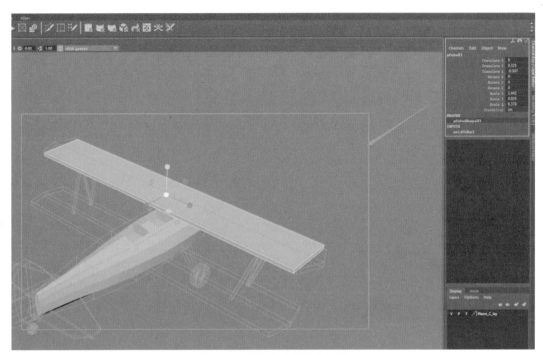

图2.90　调整立方体的细分数

切换到top视图，选择Vertex模式选项，横向框选一排点后，按R键在左右方向上调整机翼两边的弧度，如图2.91所示。

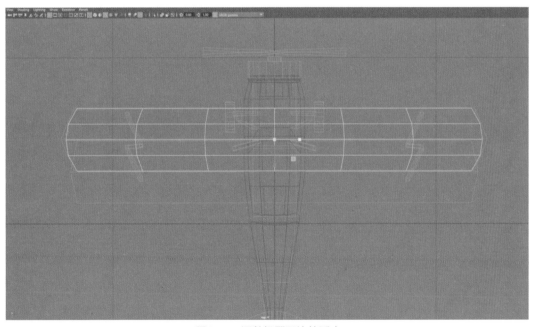

图2.91　调整机翼两边的弧度

选中机翼中间纵向的三排点，使其向内靠拢，如图2.92所示。

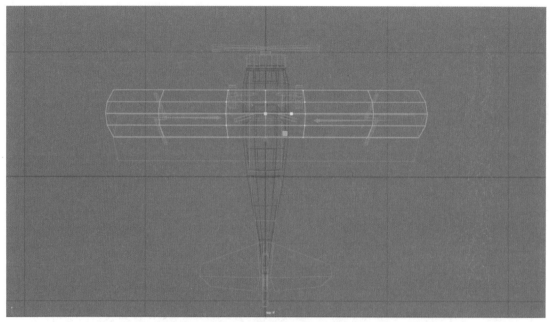

图2.92　调整机翼使其向内靠拢

切换到top视图，根据参考图的位置选择面，然后删除，如图2.93所示。

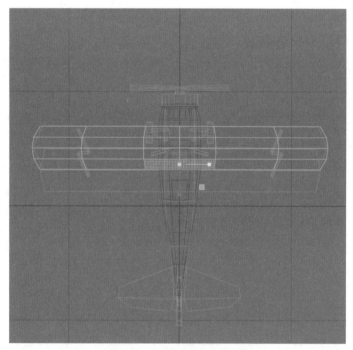

图2.93　根据参考图删除面

删除面后，模型是破损并且露面的，需要通过命令进行填充。选中物体，按住Shift键后右击，在弹出的快捷菜单中选择Append to Polygon Tool（追加多边形工具）选项，如图2.94所示。

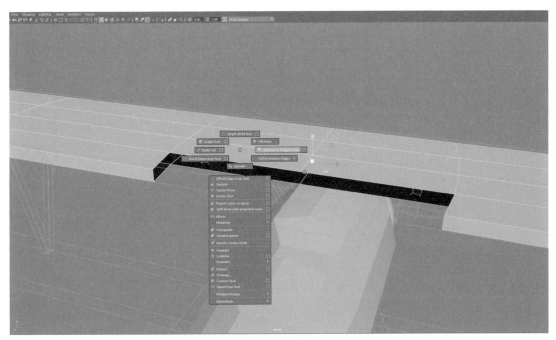

图2.94　追加多边形工具

选择工具后，光标变为十字花状态。单击一个"边"，然后再单击上下两个相邻的边，出现粉色补面后，按Enter键确定过程，补齐破损面（左）如图2.95所示。

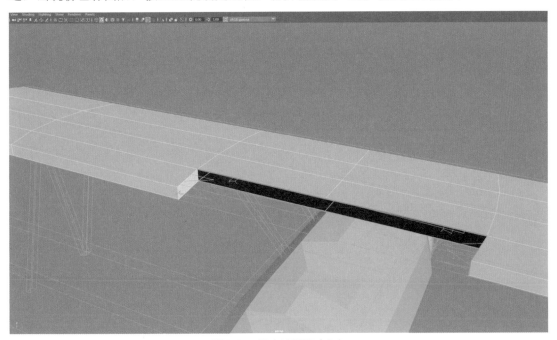

图2.95　补齐破损面（左）

依次将其他面补齐，补齐破损面（右）如图2.96所示。

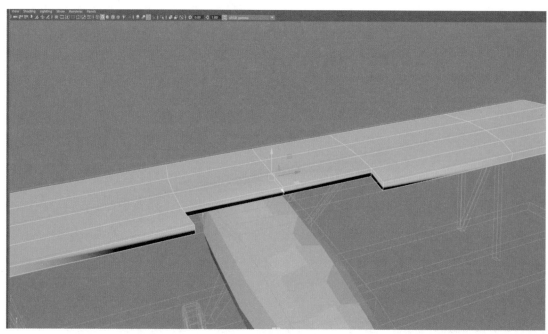

图2.96　补齐破损面（右）

注意：如果在选择临边的过程中点选了空白处而出现了破面的状态，可以立刻按Delete键删除多余的点，然后重新选择相邻的边，删除错误的点如图2.97所示。

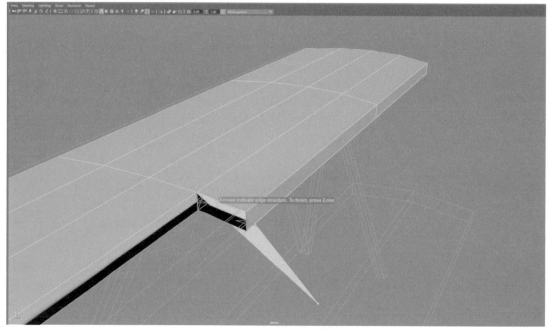

图2.97　删除错误的点

当补齐全部面后，会出现黑灰的渐变面，这是因为面的软硬程度不一致而导致，如图2.98所示。

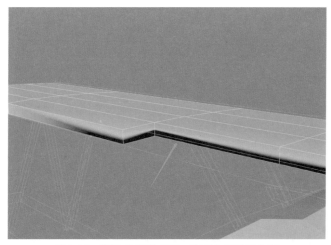

图2.98　面的软硬程度不一致而出现的渐变面

解决该问题只需要切换到Object Mode，按Shift键并右击，选择Soften/Harden Edges（软应边）中的Harden Edge（硬边）选项，如图2.99所示，这时面变得干净，调整为硬边后的效果如图2.100所示。

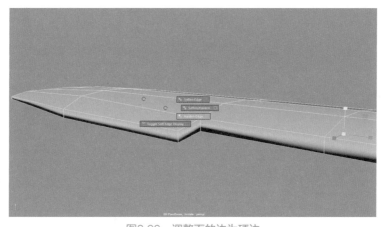

图2.99　调整面的边为硬边

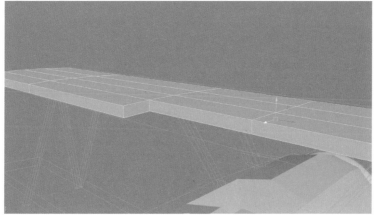

图2.100　调整为硬边后的效果

选择机翼后面的一排面，压缩得扁一些，压缩面如图2.101所示。

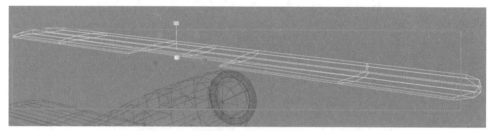

图2.101 压缩面

切换到Side视图，通过调整点的方式继续修改面的形状，调整机翼厚度，如图2.102所示。

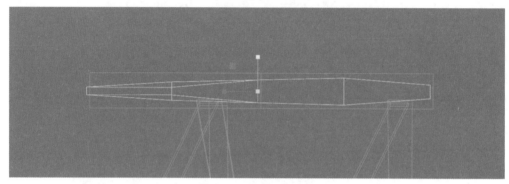

图2.102 调整机翼厚度

接下来创建下面的机翼。在工具架上创建多边形立方体并调整参数，添加段数后，以便后续添加细节，创建下方机翼几何形体如图2.103所示。

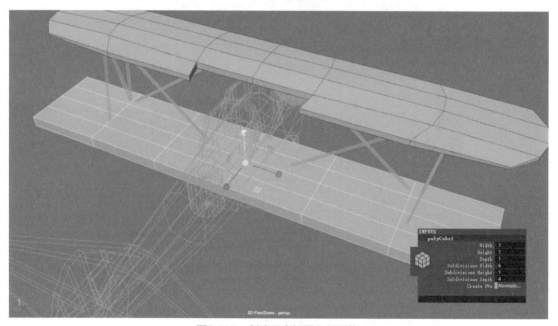

图2.103 创建下方机翼几何形体

切换到top视图，框选两边的点，将两端调节出弧度，如图2.104所示。

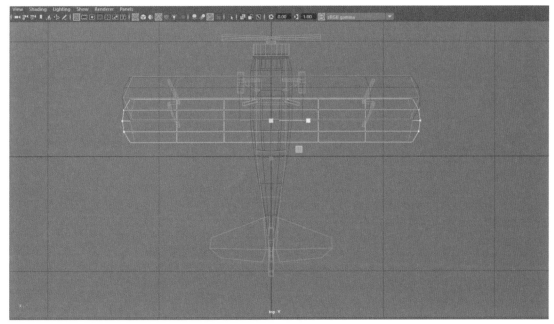

图2.104　调整机翼弧度

右击刚刚创建的机翼，进入Edge（边）层级，双击靠近机身的一条边就会选择上一圈边，按住Shift键后双击另外一侧靠近机身的边，加选另外一圈边，按R键向内缩放，如图2.105所示。

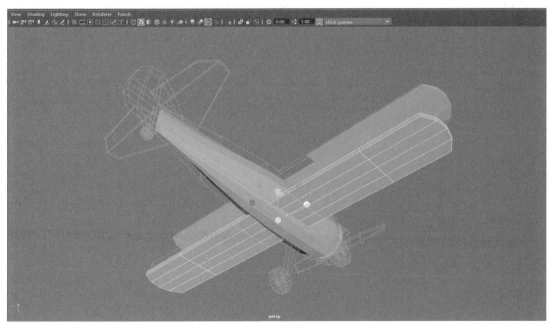

图2.105　向内缩放边

切换到top视图，右击物体，进入Face层级，框选左侧一排面，然后按住Shift键并框选右侧一排面，如图2.106所示。

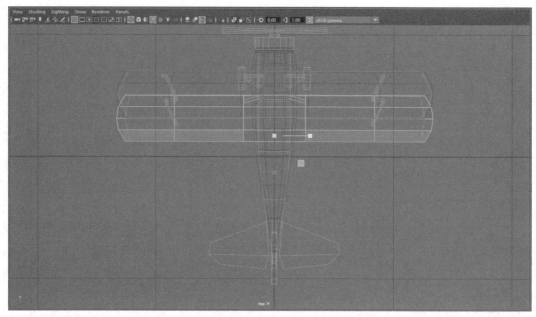

图2.106　选择面

选中面后，选择Edit Mesh（编辑面）→Extract（提取）选项，将选中的面提取出来，如图2.107所示。

图2.107　提取面

为了更易于观察选择物体，可以使物体隔离显示。选择物体，单击视图区上方的isolate select（隔离选择）按钮■，如图2.108所示。

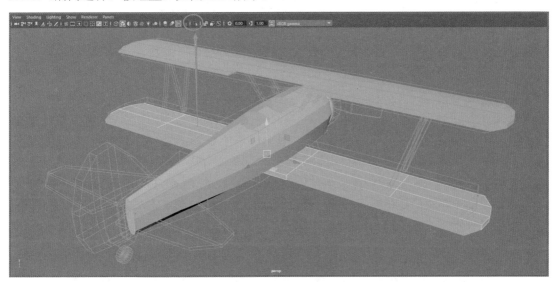

图2.108　使物体隔离显示

单击isolate select按钮以后，物体就单独显示，隔离选择调整后的效果如图2.109所示。

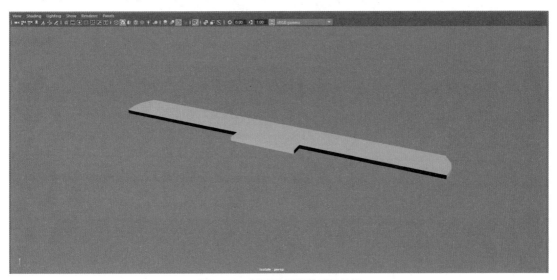

图2.109　隔离选择调整后的效果

但是单独显示后，面不完整了，此时需要将面补全。

选择物体，按住Shift键，选择Append to Polygon Tool（追加多边形工具）选项，如图2.110所示。

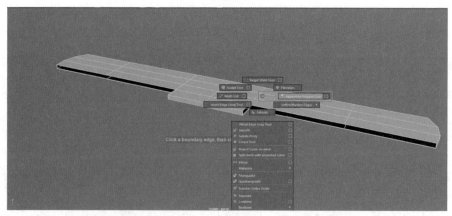

图2.110　选择Append to Polygon Tool选项

选择上下相邻两个边后补齐此面，然后按Enter键确定，建立好后依次将其他面补齐，补齐破损面后的效果如图2.111所示。

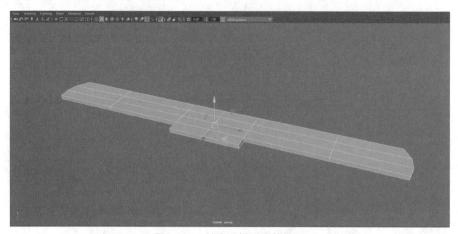

图2.111　补齐破损面后的效果

破损面都补齐后，再次单击视图区上方isolate select按钮，还原所有显示。然后选择剩下的两块面，将其补齐，如图2.112所示。

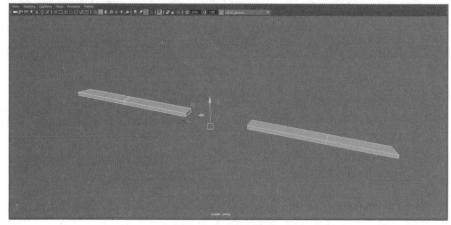

图2.112　将提取出的面补齐

下方机翼周边的面有些厚，形状不一致且不够流畅，再按照图片进行调整一下，调整后的机翼如图2.113所示。

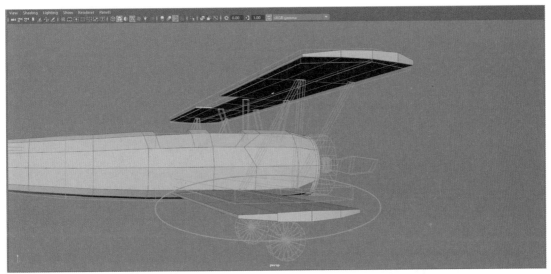

图2.113 调整后的机翼

接下来制作下方机翼突出的形状，实例图片如图2.114所示。

图2.114 实例图片

进入下方机翼的Edge模式，选中下方图片中的线，然后按住Ctrl键并右击，先选择Edge Ring Utilities（环形边程序）选项，在弹出的命令中选择To Edge Ring and Split（到环形边并切割）选项，这时就添加了一条环形边，而且环形边是该边的中线，如图2.115和图2.116所示。

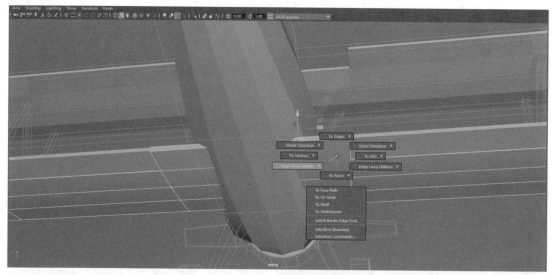

图2.115　添加环形边1

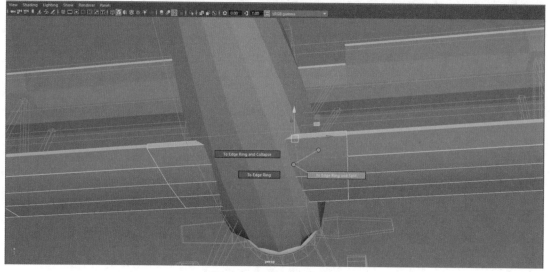

图2.116　到环形边并切割

用同样的方式将另外一边也添加环形边，如图2.117所示。

通过刚刚建立好的面进行挤压，制作出厚度。进入Face层级，选择中间的8块面，如图2.118所示。

按住Shift键的同时选中绿色向上的Y轴，向下拖动鼠标，挤压出厚度，从而挤出底面，如图2.119所示。

挤压后的形状不是很准确，需要通过调节"点"的形式，让机翼底部的形状更准确，如图2.120所示。

这时，就完成了机身和机翼的基础建模部分，效果如图2.121所示。

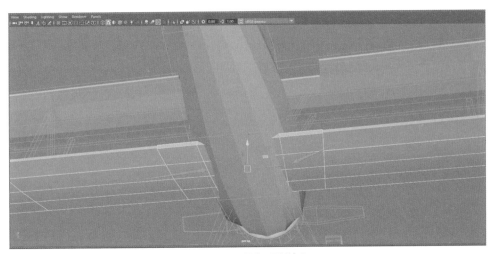

图2.117 添加环形边2

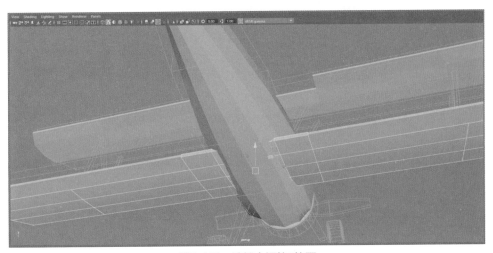

图2.118 选择中间的8块面

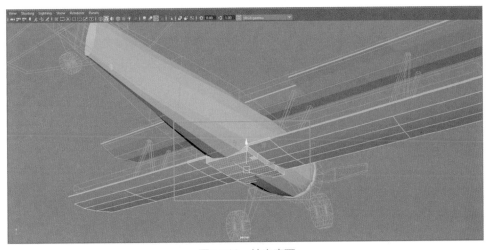

图2.119 挤出底面

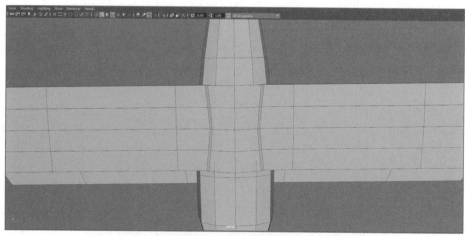

图2.120　调整底部机翼

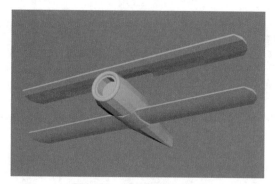

图2.121　机身机翼效果图

2.7.3　尾翼的创建

接下来制作尾翼的部分。镜头移动到机身尾部，发现线段有些凌乱，交叉的线一般很难造型，最好都制作成方块状，才能更好地造型，调整尾部如图2.122所示。

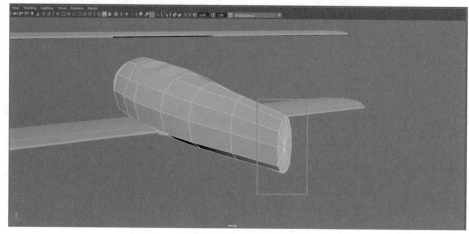

图2.122　调整尾部

进入Edge层级，按住Shift键选择8条斜边，如图2.123所示。

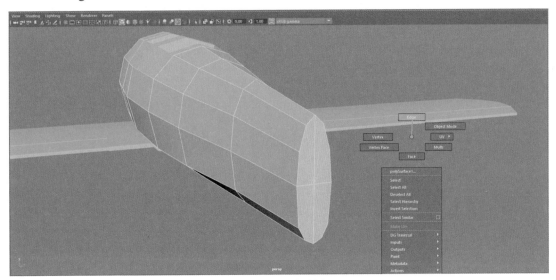

图2.123　选择斜边

按Delete键，删除选中的8条斜边，如图2.124所示。

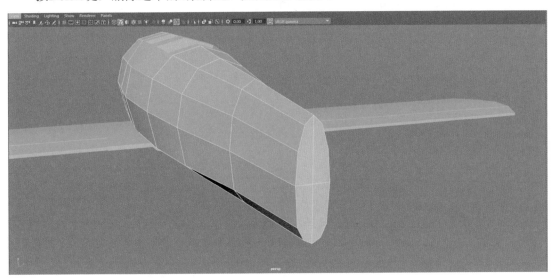

图2.124　删除斜边

这时面变得整洁，但同时出现了问题。在建模的过程中，面最多控制在"四边面"，当删除斜边后，出现了"五边面"的状况。这时需要通过补线完善四边面的状态，多边面如图2.125所示。

回到Object Mode，按住Shift键并右击机身，接着选择Multi-Cut工具选项，如图2.126所示。横向单击左右两个点，当连接后会显示为一条黄色的线，然后按Enter键确定，依次链接图2.127中的线，这时机身最后的面就变得规整了。

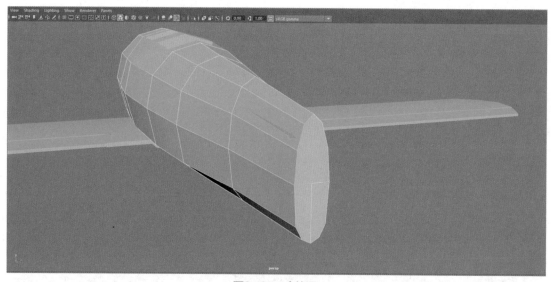

图2.125　多边面

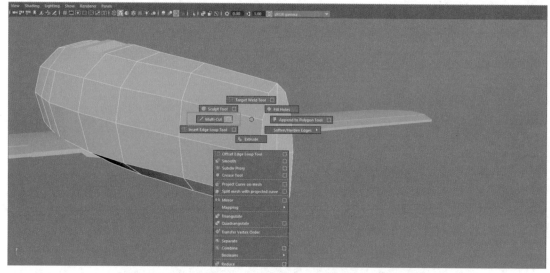

图2.126　选择Multi-Cut工具

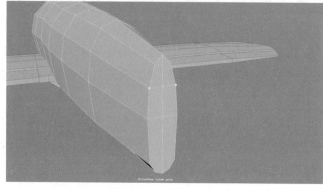

图2.127　点位链接图

接下来参考实例图片，将机身后面调整为实例图片（侧），如图2.128所示。

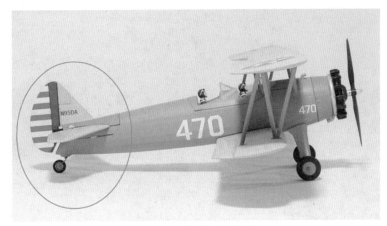

图2.128　实例图片（侧）

选择物体，进入Vertex模式，框选需要调整的点，先按E键整体旋转后再按W键进行移动，调整尾部属性，如图2.129所示。

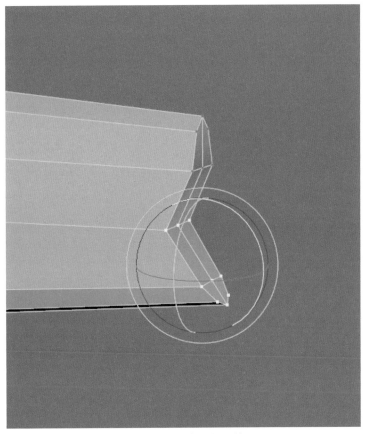

图2.129　调整尾部属性

接下来开始制作尾翼。建立一个多边形立方体，根据之前做的参考物体，缩放至合适大小后摆放到正确的位置，调整立方体属性如图2.130所示。

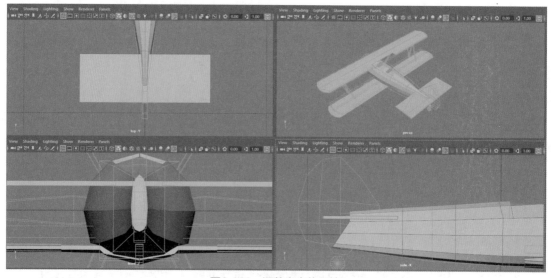

图2.130　调整立方体属性

为了便于后续造型，接下来需要增加面的段数，在右侧通道栏找到参数并调整，调整立方体细分数如图2.131所示。

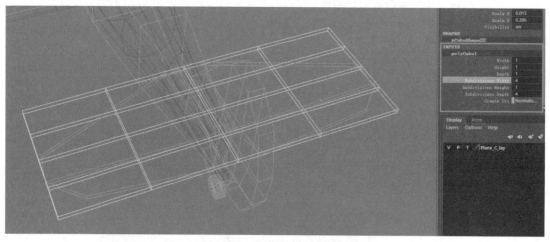

图2.131　调整立方体细分数

进入Edge模式，双击内侧两排环线，按R键缩放至靠近机身处，以便于后续制作尾翼开叉的地方，调整环线位置如图2.132所示。

然后进入Vertex模式，在top视图根据参考物体调整尾翼形状，如图2.133所示。

在top视图单独显示尾翼，进入Face模式，框选后面四个面，按Delete键删除，删除面如图2.134所示。

选择物体，按住Shift键并右击，选择Append to Polygon Tool（追加多边形工具）选项，将破损面补齐后进行Harden Edge（硬边）处理，如图2.135所示。

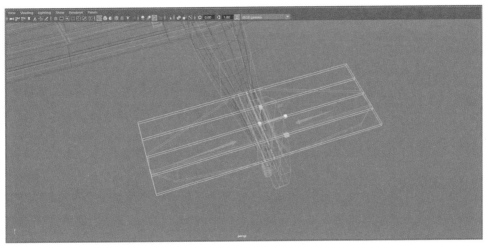

图2.132 调整环线位置

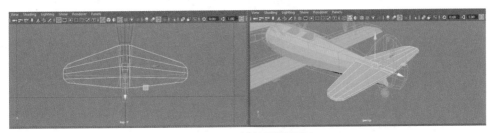

图2.133 调整尾翼形状

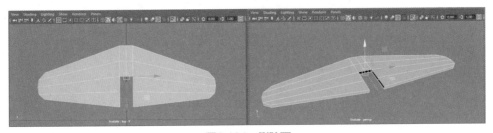

图2.134 删除面

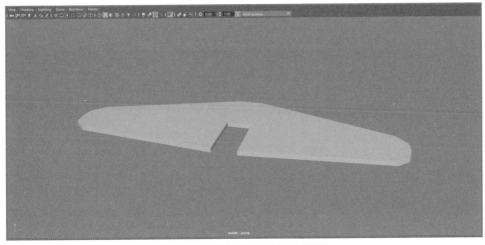

图2.135 补全破损面（飞机尾部）

选择物体进入Vertex模式，按参考图样式调整尾翼细节，如图2.136所示。

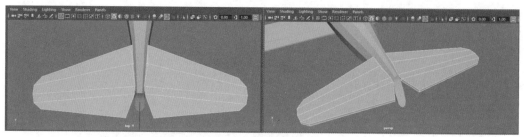

图2.136　调整尾翼细节

接下来制作纵向的尾翼。先制作出机身上的小模型。同样建立一个多边形立方体，根据之前做的参考物体，缩放至合适大小后摆放到正确的位置，在右侧通道栏调整参数，调整细分数（飞机尾部）如图2.137所示。

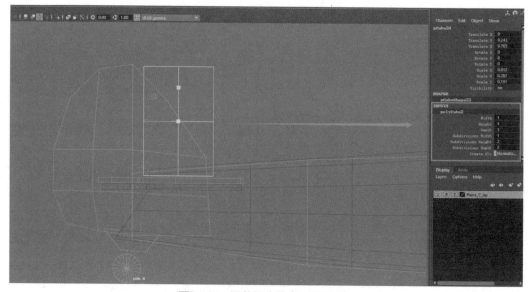

图2.137　调整细分数（飞机尾部）

进入Face模式，删除左上角的面，再通过Vertex模式调整形状，调节点如图2.138所示。

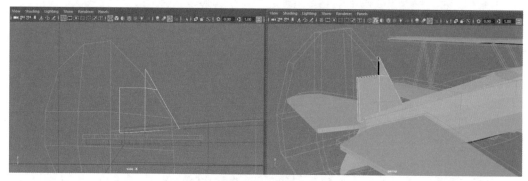

图2.138　调节点

选择物体，按住Shift键并右击，选择Append to Polygon Tool选项，将破面补齐后进行Harden Edge处理，如图2.139所示。

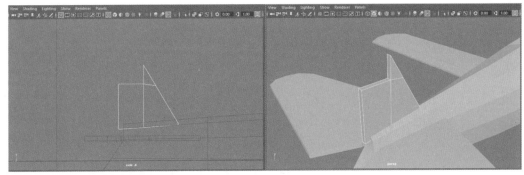

图2.139　将破损面补齐

再建立一个多边形立方体，根据之前做的参考物体，缩放至合适大小后摆放到正确的位置，并在右侧通道栏调整参数，建立立方体更改细分数如图2.140所示。

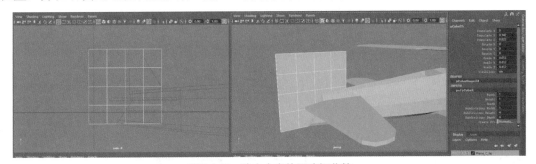

图2.140　建立立方体更改细分数

参考实例图片，通过删面、调点进行造型处理，同样，删面之后再补齐破损面，删面调节点如图2.141所示。

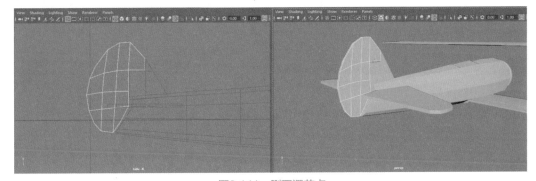

图2.141　删面调节点

2.7.4　轮胎的创建

建立一个多边形立方体，移动、旋转、缩放物体至符合参考图片中轮胎的效果，如图2.142所示。

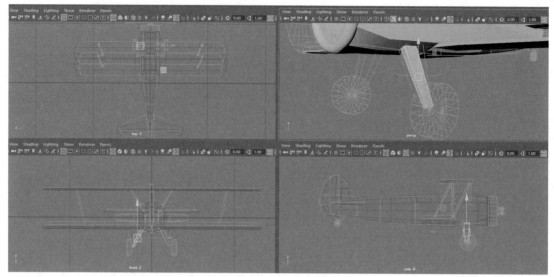

图2.142　调整轮胎架

选择物体，按住Shift键并右击，选择Multi-Cut工具选项，如图2.143所示。

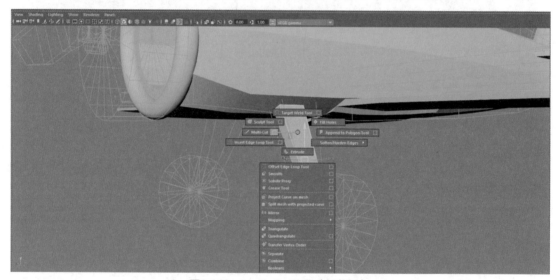

图2.143　Multi-Cut工具（起落架）

按Ctrl键在模型上半部分添加一条环形边，如图2.144所示。

添加环形边后，通过Vertex模式，参考飞机的实例图片调整其形状，如图2.145所示。

选择模型，进入Face模式，单击底面，按住Shift键并单击，拖动鼠标向下拉动，挤压出新的面，挤出面（起落架）如图2.146所示。

创建一个多边形圆柱体，参考实例图片将其缩放至合适的位置，如图2.147所示。

在右侧通道栏调整参数及位置，如图2.148所示，让中间鼓一些。

再创建两个多边形圆柱体，参考实例图片将其放置在轮胎上面，如图2.149所示。

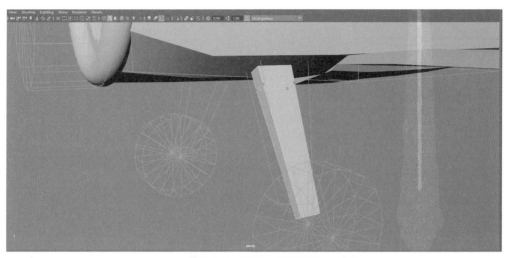

图2.144　添加一条环形边

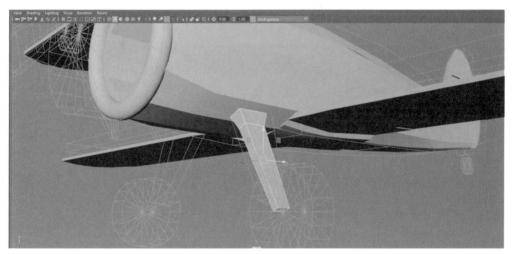

图2.145　调整细节（起落架）

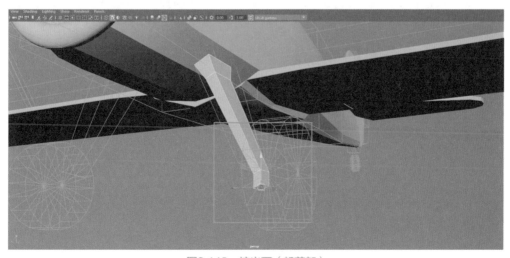

图2.146　挤出面（起落架）

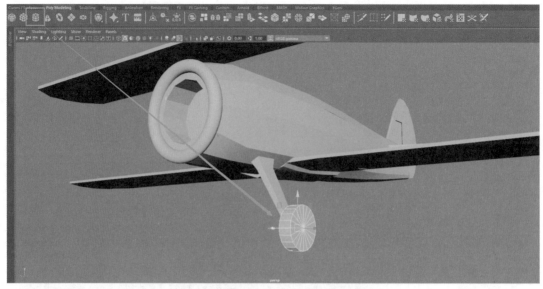

图2.147　创建圆柱并缩放至合适的位置

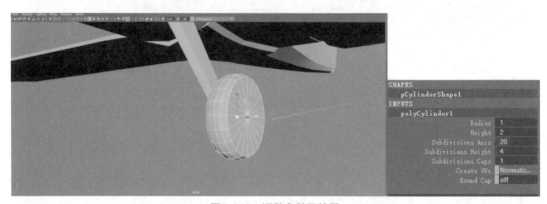

图2.148　调整参数及位置

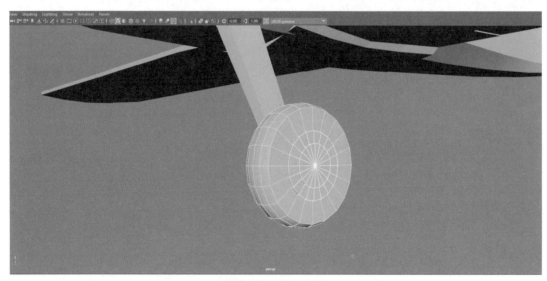

图2.149　轮胎大型

这时一边的轮胎已制作完成，接下来需要复制到另外一边。选择Windows（窗口）→
Outliner（大纲视图）选项，如图2.150所示。

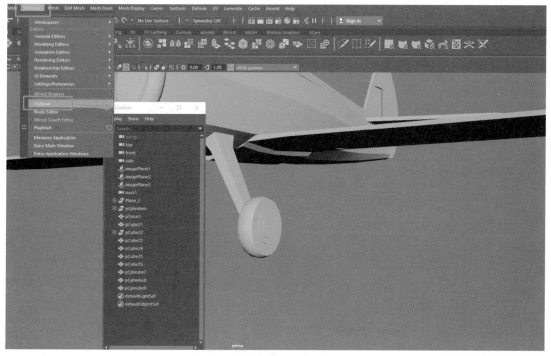

图2.150　Outliner

框选轮胎和支撑部分，按Ctrl+G组合键进行打组处理，这时在Outliner中就多出一个
group1的白色图标，单击Plane_C前面的"+"按钮，即能够看到刚才所选择的物体都在内
部，如图2.151所示。

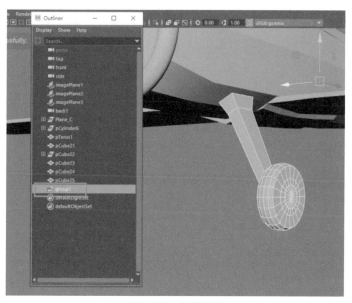

图2.151　打组处理

每次选择"组"时，既可以在Outliner中选择；也可以选择任意一个组中的物体，然后按PgUp键，直至显示都变为绿色，并观察右侧通道栏中是否是组的名字即可，如图2.152所示。

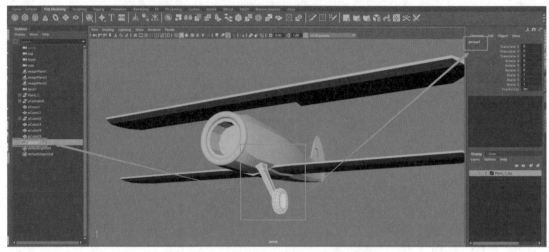

图2.152　打组的另一个方法

接下来细化一下支撑的模型。选择物体，进入Edge模式，选择纵向的四条连续边，如图2.153所示。

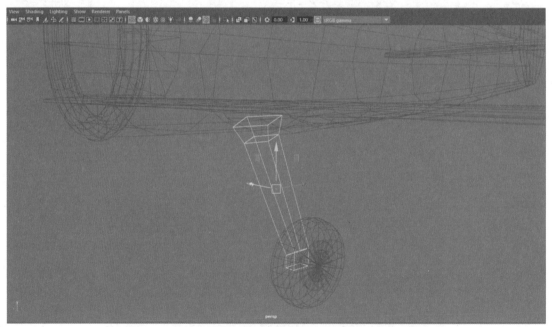

图2.153　选择纵向的四条连续边

按住Shift键并右击，选择Bevel Edge（倒角边）选项，用于边圆滑，如图2.154所示。

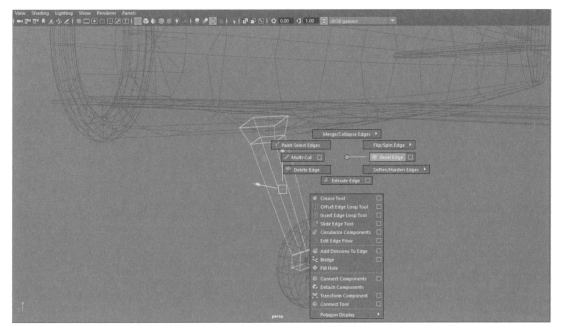

图2.154　选择Bevel Edge选项用于边圆滑

在弹出的小对话框中修改参数，如图2.155所示。

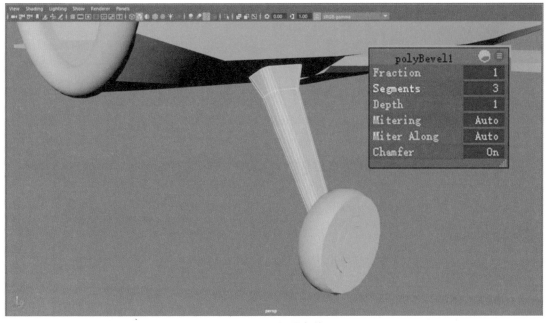

图2.155　设置参数

回到物体模式后，发现刚才有棱有角的物体变得圆滑了。接下来，将整体的组复制到另外一边。选择group 1，按Ctrl+D组合键复制，在右侧通道栏中修改Scale X为-1，复制轮胎并调整后的效果如图2.156所示。

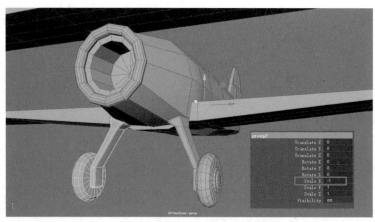

图2.156　复制轮胎并调整后的效果

接下来制作后面的轮胎。观察图2.157，发现机身尾部连接轮胎的部分有部分突起，这需要调整一下机身的造型。

图2.157　示例图

选择机身，按住Shift键并右击，选择Multi-Cut工具选项，按Ctrl键，在机身尾部添加线段，插入环线如图2.158所示。

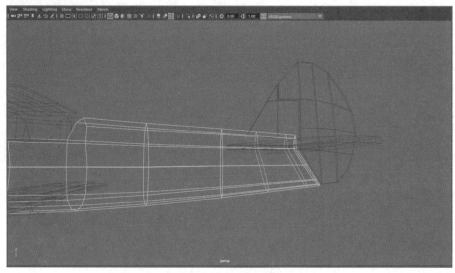

图2.158　插入环线

机身尾部有点太宽，通过调整Vertex模式改变造型，使其向内收紧，与尾翼厚度保持大致一致，如图2.159所示。

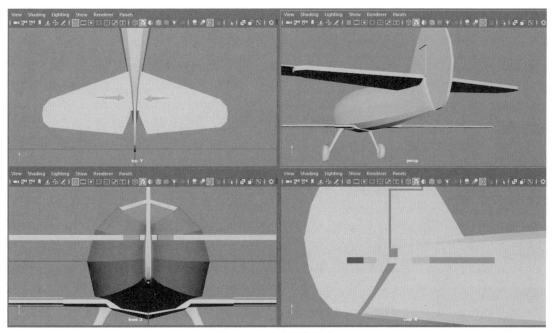

图2.159 收缩尾部机身

选择机身底部的两个小面，选中面如图2.160所示。

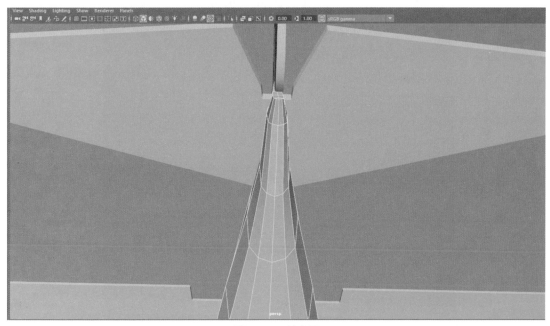

图2.160 选中面

按住Shift键，沿着Y轴向下拉动面，挤压出一个新的面并参考实例图片进行造型，挤出面并缩小后的效果如图2.161所示。

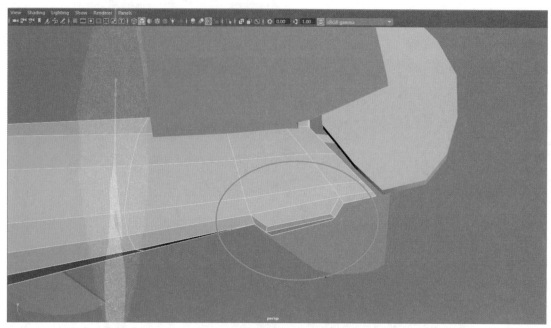

图2.161　挤出面并缩小后的效果

选择Create（创建）→Polygon Primitives（多边形基本几何体）→Pipe（管道）选项，如图2.162所示。

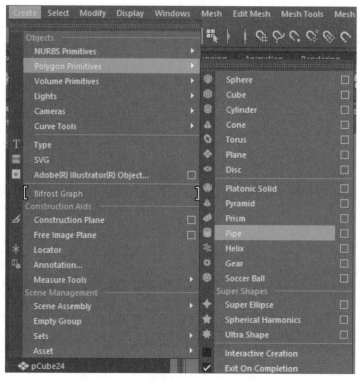

图2.162　选择Pipe（管道）选项

调整轮胎的大小后摆放到正确的位置，并调整其参数，如图2.163所示。

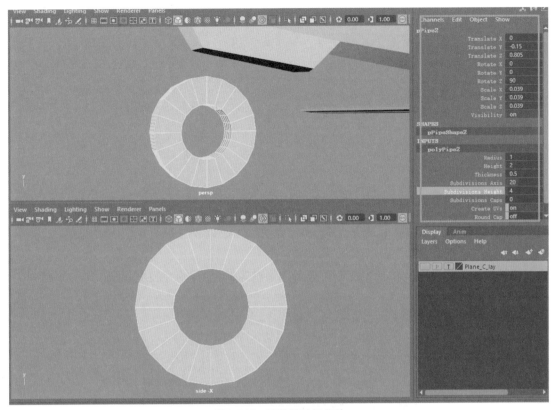

图2.163　调整轮胎细分数

选择环形线，把轮胎调整得鼓一点，调整轮胎如图2.164所示。

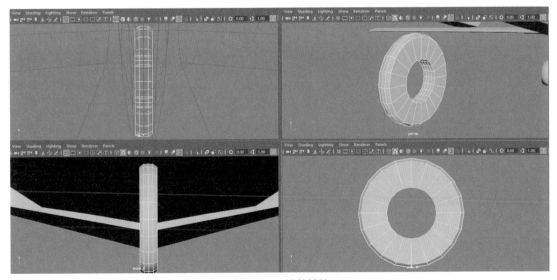

图2.164　调整轮胎

再创建两个多边形基本几何体放到轮胎内部作为龙骨，如图2.165所示。

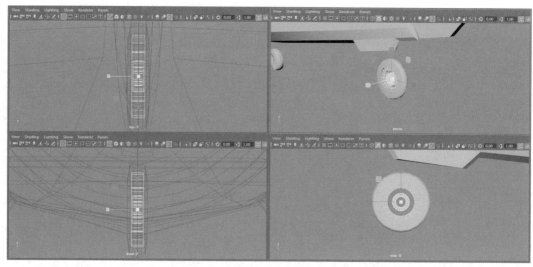

图2.165　调整龙骨

接着创建一个几何球体，把细分数调低，调整球体细分数如图2.166所示。

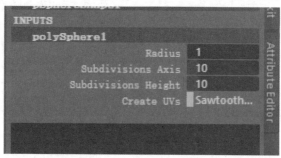

图2.166　调整球体细分数

然后把球体调整到合适的位置放入轮胎中，制作细节如图2.167所示。

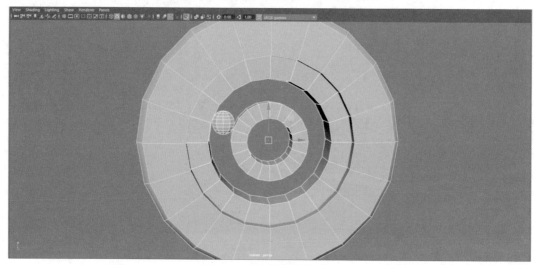

图2.167　球体的制作细节

　　摆好位置后按Ctrl+D组合键复制，按W键对其进行摆放，一直重复此步骤，最终的摆放效果如图2.168所示。

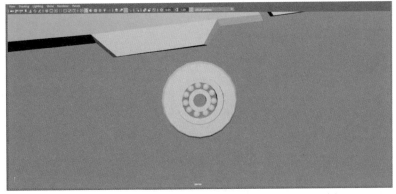

图2.168　球体最终的摆放效果

轮胎与机身是连接的，通过观察实例的图片可以将其做出来。

创建一个多边形圆柱体，调整其细分数如图2.169所示。

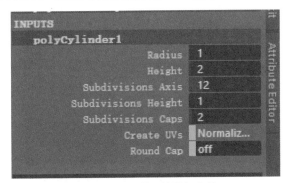

图2.169　调整圆柱的细分数

将圆柱体摆放至相对应的位置，摆位如图2.170所示。

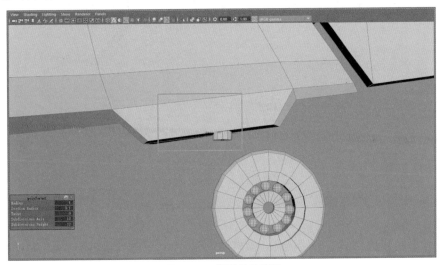

图2.170　圆柱体的摆位

随后创建一个多边形圆环，如图2.171所示。

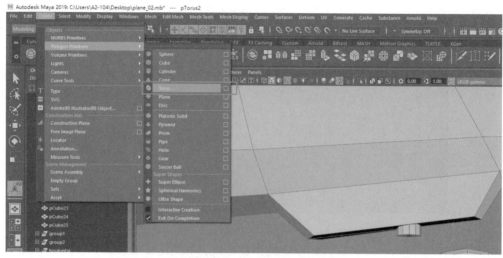

图2.171 创建多边形圆环

更改圆环细分数如图2.172所示。

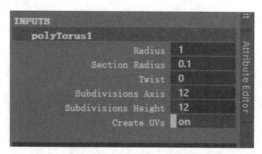

图2.172 更改圆环细分数

将圆环穿插进轮胎中，并且使其有一定斜度，如图2.173所示。

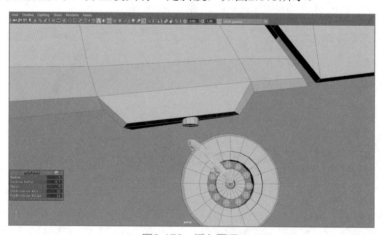

图2.173 插入圆环

选中刚才创建的圆柱，切换到Edge模式，选中中间的一圈线，向内进行缩小，如图2.174所示。

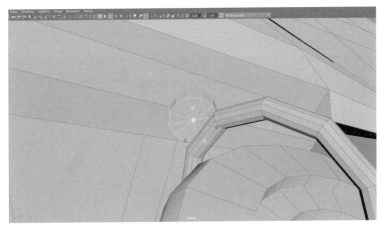

图2.174　缩小圈

切换到Face模式，选中中间一圈的面，运行向下挤出命令，挤出面（连接部位）如图2.175所示。

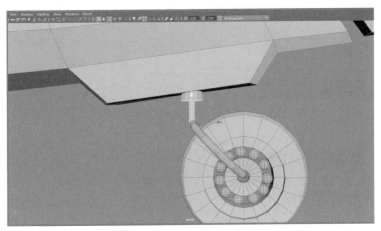

图2.175　挤出面（连接部位）

选中圆环，按R键可以对其进行适当的缩扁。调整细节（连接部位）如图2.176所示。

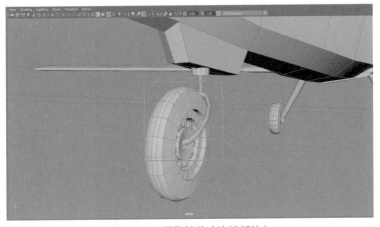

图2.176　调整细节（连接部位）

最后，选中刚刚制作的连接部位，再次按Ctrl+G组合键进行打组，并为其命名，如图2.177所示。

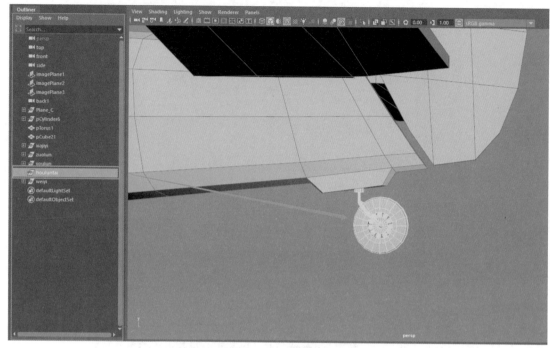

图2.177　打组并命名

2.7.5　发动机的创建

首先创建一个多边形圆柱（Cylinder），更改其属性及细分数，如图2.178所示。

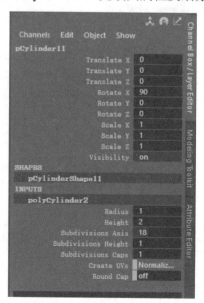

图2.178　更改其属性及细分数

如果不太方便进行操作，可以选中圆柱体，把圆柱体单独显示，如图2.179所示。

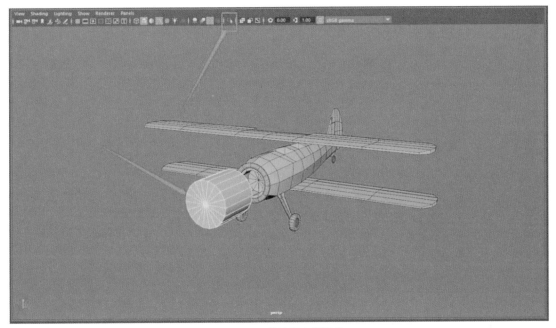

图2.179 单独显示圆柱体

切换到Face模式，选中除了正面以外的所有面，按Backspace键进行删除，如图2.180所示。

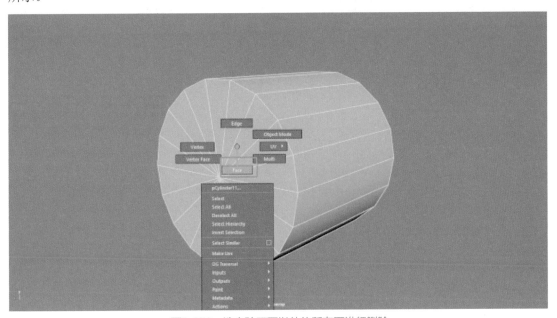

图2.180 选中除正面以外的所有面进行删除

只留下正面的一个圆形面，如图2.181所示。

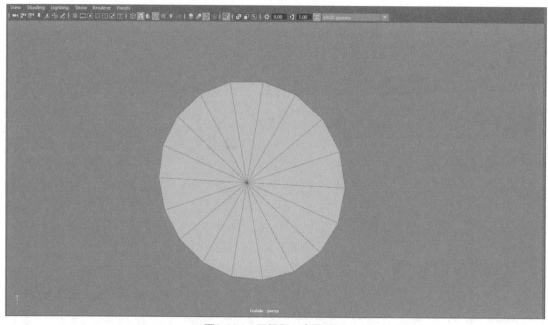

图2.181 只保留一个圆形面

切换到Vertex模式，选中中心点，按住Shift键并右击，选择Chamfer Vertex（切角顶点）选项，如图2.182所示。

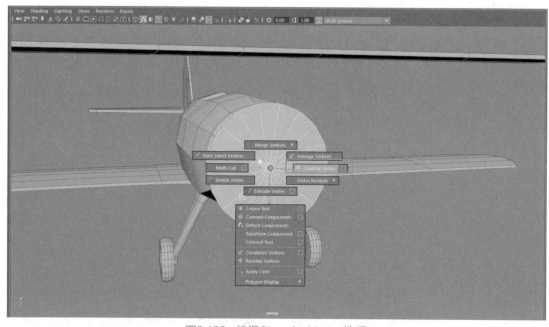

图2.182 选择Chamfer Vertex选项

在出现的浮窗中更改数值，更改其切角大小，如图2.183所示。

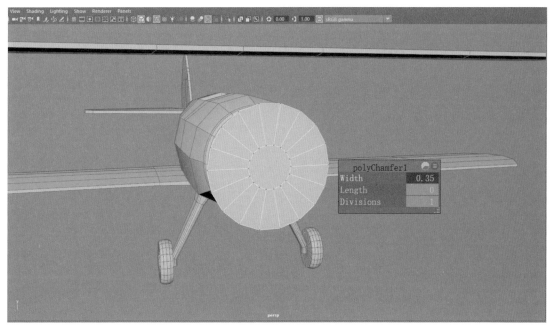

图2.183　更改切角

随后,切换到Face模式,选中其中一个面运行提取面命令,如图2.184所示。

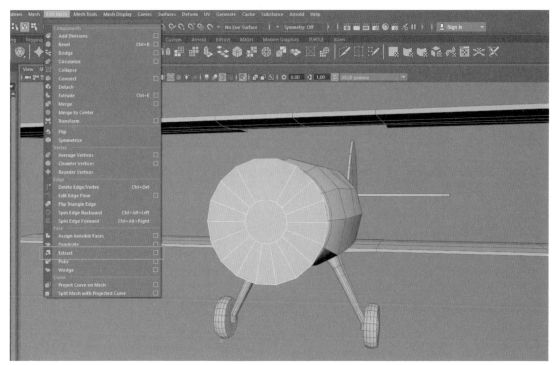

图2.184　提取面

按住Shift键并拖动鼠标向下,对提取出的面进行挤出操作,给其一个厚度,因为此时的面没有背面。按住Shift键拖动鼠标进行挤出时,背面的法线会反转,所以此时用按Shift

键+右击，向下拖动鼠标进行挤出，如图2.185所示。

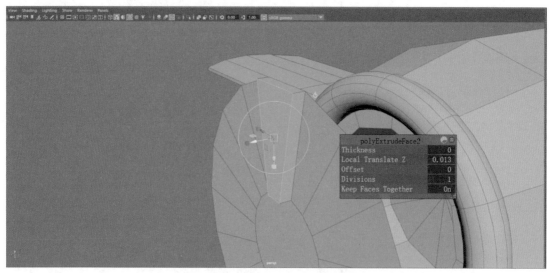

图2.185　对提取面进行挤出操作

挤出面之后，选择Insert Edge Loop Tool，先更改插入循环边的参数，如图2.186所示。

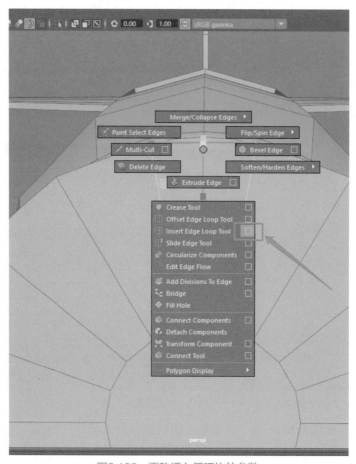

图2.186　更改插入循环边的参数

选择Multiple edge loops单选按钮，将Number of edge loops文本框中的2改为10，然后关闭参数栏即可，如图2.187所示。

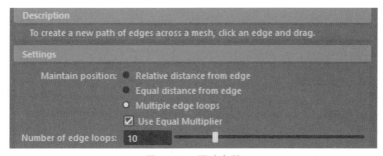

图2.187　更改参数

随后单击模型上的线，即可分出十条等距的环线，插入循环边，如图2.188所示。

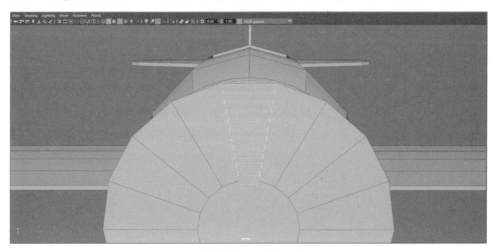

图2.188　插入循环边

单击物体并按住鼠标右键向下滑动到Face模式，按住Shift键并单击鼠标左键加选除最后的三个面，每排只选两侧和中间的面即可，每隔一排选三个面，加选面如图2.189所示。

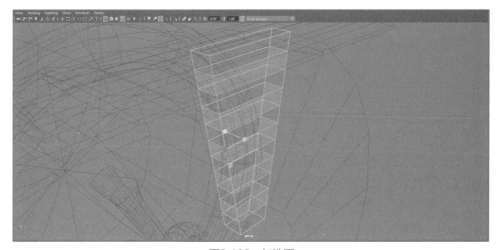

图2.189　加选面

按R键切换到缩放模式，再按住Shift键并向内拖动黄色方块来挤出面，把方块拖动到不能拖为止，对挤出面进行压缩，如图2.190所示。

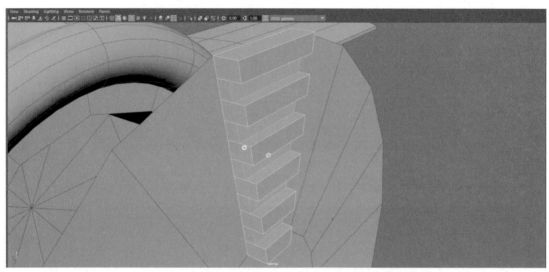

图2.190　对挤出面进行压缩

然后在选中这些面的基础上，按住Ctrl键并右击，拖动至To Vertices（至点），再向左拖动至To Vertices，由面至点的调整前、后分别如图2.191和图2.192所示。

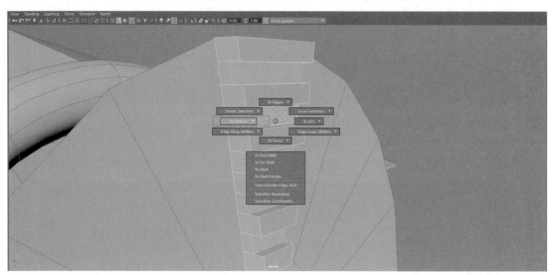

图2.191　调整前的由面至点

切换到Vertex模式后，需要合并顶点，因为刚才把两个面挤压成一个面后点重合了，但仍是以两个点的形式存在的，这时按住Shift键并右击选择Merge Vertices（合并顶点）选项，在出现的子菜单中选择Merge Vertices选项，合并顶点前、后分别如图2.193和图2.194所示。

此时，重合的顶点就合并在一起了。为了快捷地做出发动机，直接再次创建一个立方体，调整它的大小和位置，如图2.195所示。

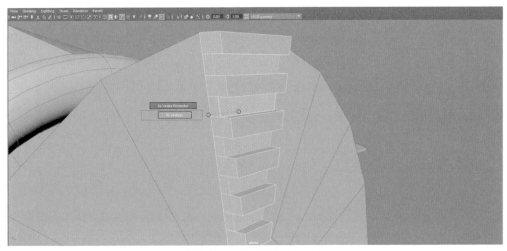

图2.192　调整后的由面至点

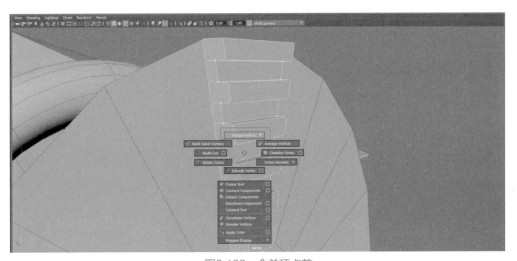

图2.193　合并顶点前

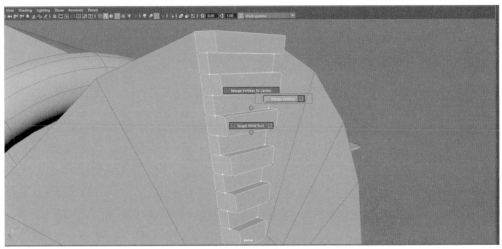

图2.194　合并顶点后

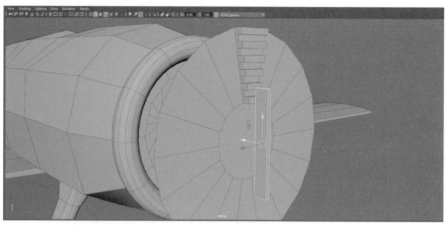

图2.195　调整位置及大小

然后将Z轴旋转的数值改为10，因为当时设置的发动机的段数是18段，平均下来一段就是10°，所以让其旋转10°后再摆好位置，如图2.196所示。

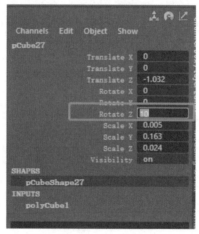

图2.196　Rotate Z旋转10°

摆放好发动机的位置，如图2.197所示。

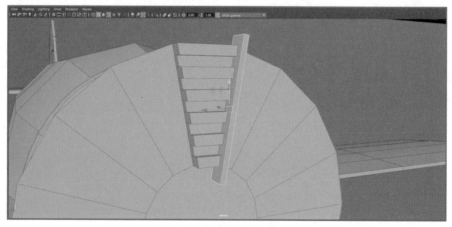

图2.197　摆位（发动机）

　　摆放好后按D键，再按住X键，拖动与发动机平行的箭头，拖动一下让其对上轴位即可，更改枢轴的位置（发动机）如图2.198所示。

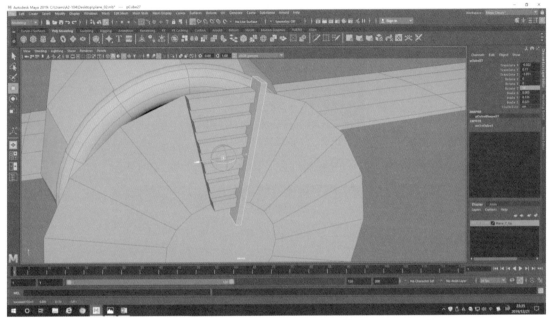

图2.198　更改枢轴的位置（发动机）

　　然后单击视窗上方的"冻结变换"图标，使其位置信息全部回归初始状态，冻结变化如图2.199所示。

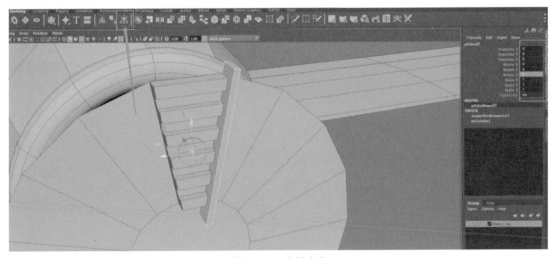

图2.199　冻结变化

　　单击物体，按Ctrl+D组合键复制一个新的立方体，然后直接把Channel Box中Scale X的1改为-1，镜像复制（参数）如图2.200所示。

图2.200　镜像复制（参数）

更改完成后，另一边的立方体也复制过去了，镜像复制如图2.201所示。

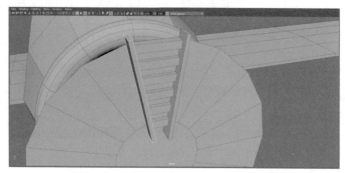

图2.201　镜像复制

在Object Mode下，按住Shift键加选所创建的三个几何体，然后按住Shift键并右击，选择菜单栏中的Combine（合并）选项，此时所选的三个物体就合为一个物体了，如图2.202所示。

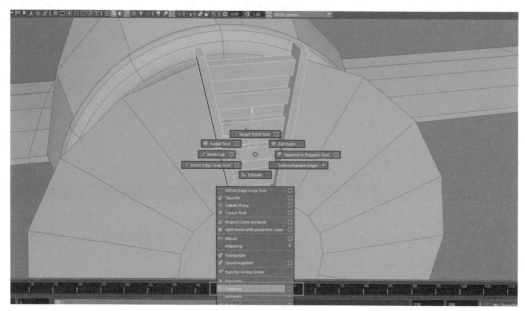

图2.202　合并

合并后，就可以对其进行旋转和复制，这样才会形成多个相同的螺旋桨片模型。选中合并后的模型，按Ctrl+D组合键对其进行复制，然后更改Rotate Z的数值为40，如图2.203所示，并将其移动到对应区域，如图2.204所示。

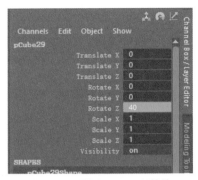

图2.203　更改Rotate Z数值

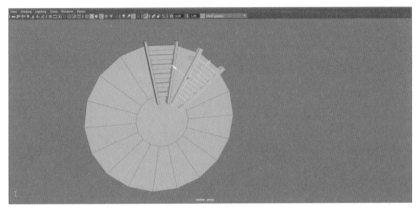

图2.204　移动至适当位置

移动其中一个后，按Shift+D组合键，它会根据上一次复制时的位移信息自动移动加旋转，按Shift+D组合键重复如上操作，把所有的模型全都复制后，再一一调整没有对齐的地方即可，最终效果如图2.205所示。

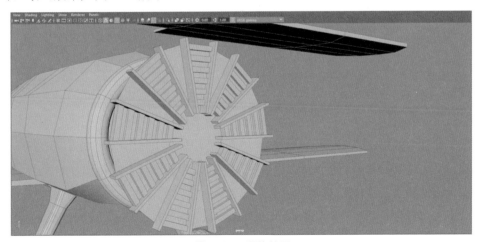

图2.205　最终效果

然后创建一个Pipe（多边形圆环），如图2.206所示。

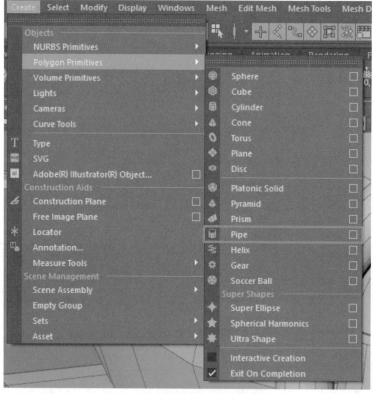

图2.206　创建一个多边形圆环

更改其Rotate X的数值为90，并且更改其细分数，如图2.207所示。

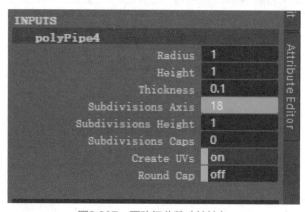

图2.207　更改细分数（转轴）

摆放在如图2.208所示的位置上。

创建一个多边形圆柱，将Rotate X数值更改为90，缩放至符合实例图片的大小，缩放大小及摆放位置（转轴）如图2.209所示。

更改多边形圆柱体INPUTS值中Subdivisions Axis（细分轴）为9、Subdivisions Caps（细分帽）为5，圆柱细分数如图2.210所示。

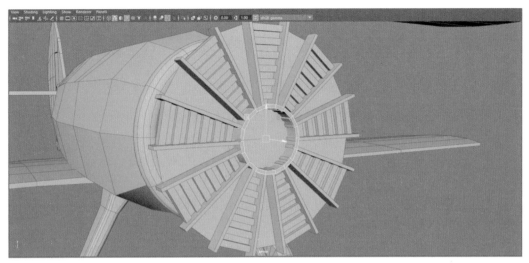

图2.208 摆放位置（转轴）

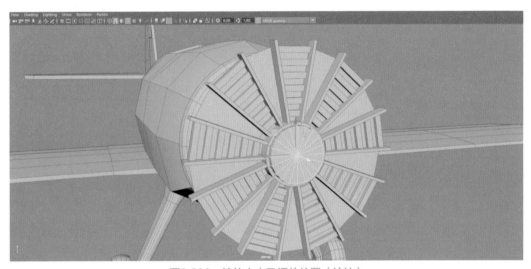

图2.209 缩放大小及摆放位置（转轴）

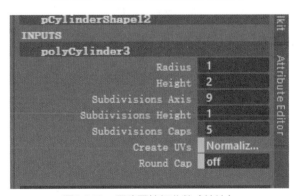

图2.210 更改圆柱细分数（转轴）

    观察如图2.211所示的发动机实例图可以发现发动机中间的圆柱是向外鼓出的，中间还有个圆洞用来插入螺旋桨。

图2.211　实例发动机

首先使其中间向外鼓出。切换到Line模式，选中第一圈线，按R键后向右拖动中间黄色的方块进行向外扩圈，如图2.212所示。

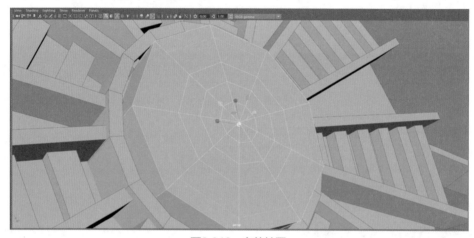

图2.212　向外扩圈

选中第二圈边，按W键向外进行位移，第三圈边、第四圈边进行相同操作，调整到如图2.213所示的形状。

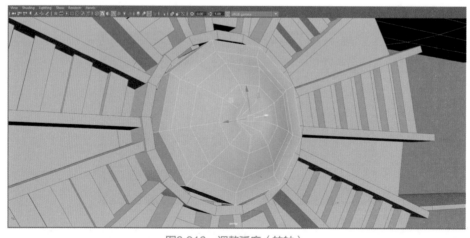

图2.213　调整弧度（转轴）

切换到Face模式，选中中间部位的面删除，删除面（转轴）如图2.214所示。

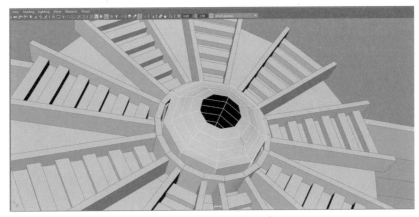

图2.214　删除面（转轴）

切换到Edge模式，双击镂空处边缘的一个边就选中了一圈，按R键切换到缩放模式，然后按住Shift键向内收缩，这时就多出了一圈面，挤出边（转轴）如图2.215所示。

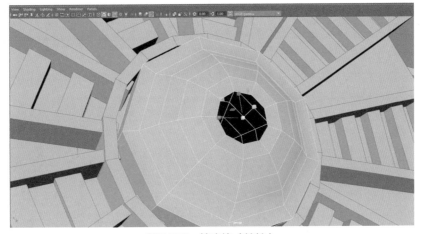

图2.215　挤出边（转轴）

然后按W键切换为Move模式，再按住Shift键向内收缩并挤压出一个新的面，向内挤出深度，挤出边（内）如图2.216所示。

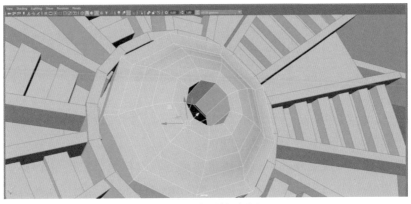

图2.216　挤出边（内）

再进行一次挤出边操作，这次按住Shift键并右击，选择Extrude Edge选项，挤出边后不需要进行位移，挤出边（参数）如图2.217所示。

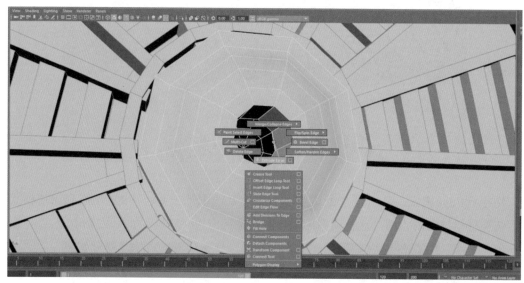

图2.217　挤出边（参数）

按住Shift键并右击，选择Merge/Collapse Edges（合并边）选项，合并边如图2.218所示。

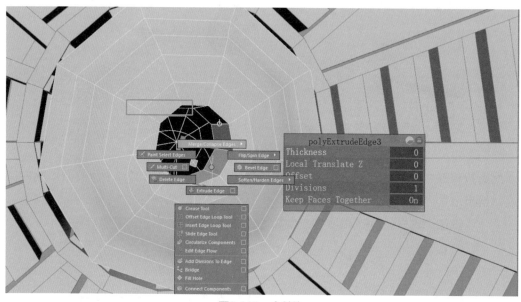

图2.218　合并边

选择Merge Edges To Center（合并边到中心）选项，合并边到中心如图2.219所示。

此时，中间的洞就补上了，如图2.220所示。

此时的模型看起来还是软的，该有棱角的地方没有棱角，应把整个模型换成硬边。切换到Object Mode，按住Shift键并右击，选择Soften/Harden Edges（软硬边）中的Harden Edge（硬边）选项，这样模型就有硬朗的感觉，如图2.221所示。

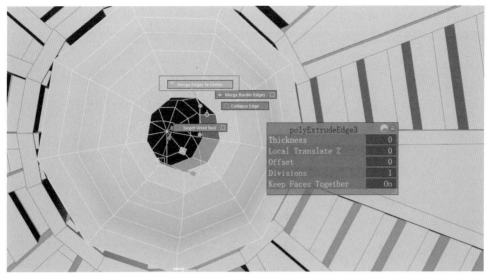

图2.219　合并边到中心

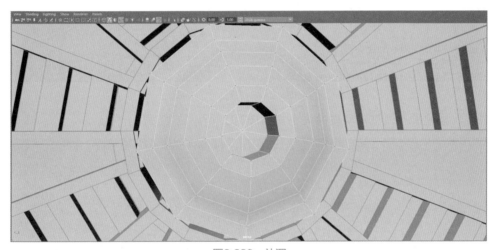

图2.220　补洞

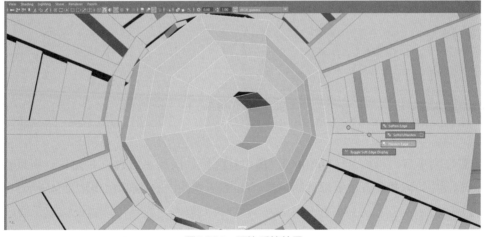

图2.221　硬边后的效果

选中发动机的所有部分后进行合并操作，接着整体缩放调整其大小，如图2.222所示。

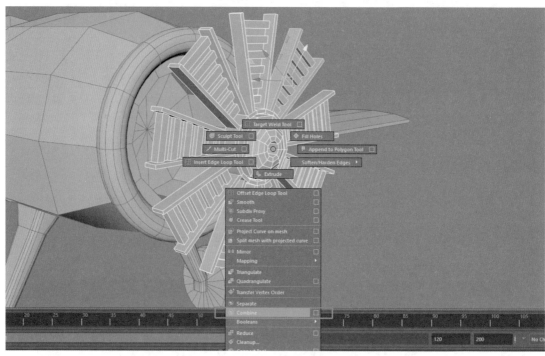

图2.222　合并操作

最后，根据机身调整发动机的大小，如图2.223所示。

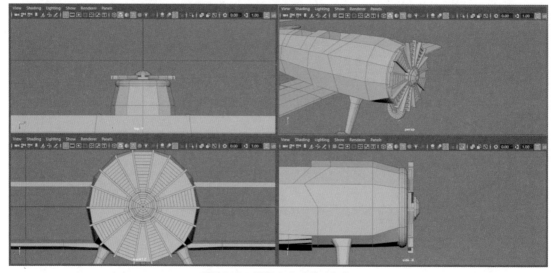

图2.223　调整大小（发动机）

调整好大小后，再将其在Outliner视图中打好组，因为进行过合并操作，所以直接在Outliner视图中可以找到各个零部件的模型，Outliner视图中的零部件如图2.224所示。

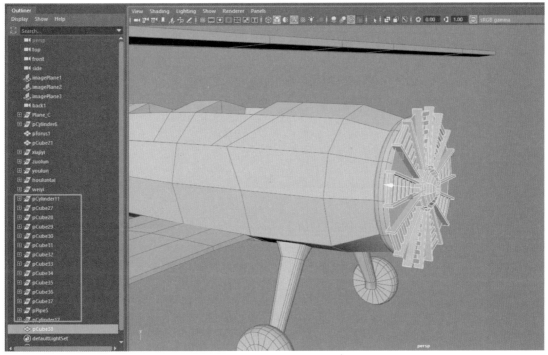

图2.224　Outliner视图中的零部件

　　按住Shift键并全选物体，然后按Ctrl+G组合键进行编组。整理Outliner视图并命名，如图2.225所示。

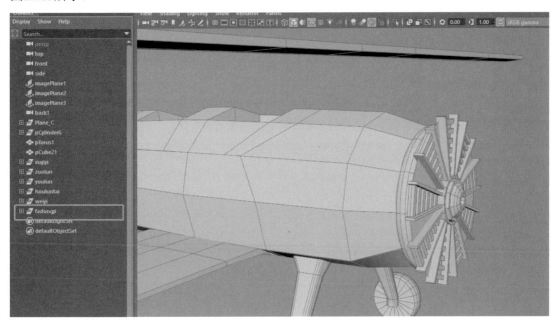

图2.225　整理Outliner视图并命名

2.7.6 螺旋桨的创建

首先创建一个多边形圆柱，更改细分数（螺旋桨）如图2.226所示。

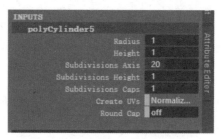

图2.226 更改细分数（螺旋桨）

选中圆柱体侧面的一半面如图2.227所示。

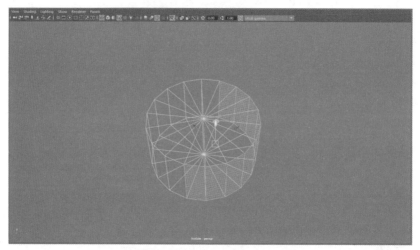

图2.227 选中圆柱体侧面的一半面

先按W键切换到Move模式，再按住Shift键并拖动红色箭头，直至螺旋桨的长度与实例参考图中螺旋桨的长度类似，挤出面（螺旋桨）如图2.228所示。

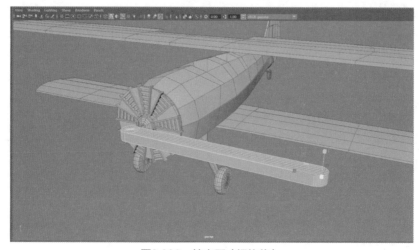

图2.228 挤出面（螺旋桨）

把所选中的一半面进行上下和左右的缩放，调整机翼宽度，如图2.229所示。

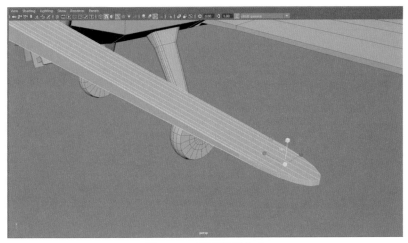

图2.229　调整机翼宽度

使用Insert Edge Loop Tool（插入循环边）工具，调整其参数如图2.230所示。

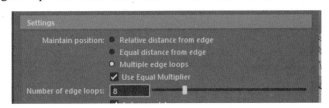

图2.230　调整插入循环边参数（螺旋桨）

单击螺旋桨侧边的边，插入8条循环边。插入循环边（螺旋桨）如图2.231所示。

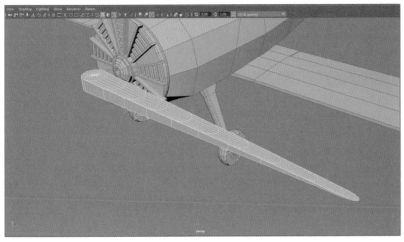

图2.231　插入循环边（螺旋桨）

全选插入的循环边，进行上下缩放，如图2.232所示。

切换到Vertex模式，选中中心点，如图2.233所示。

按B键打开Soft Selection（软选择）模式，选择螺旋桨中间一圈点，按住B键并按住鼠标左键左右拖曳，调整软选择范围，如图2.234所示。

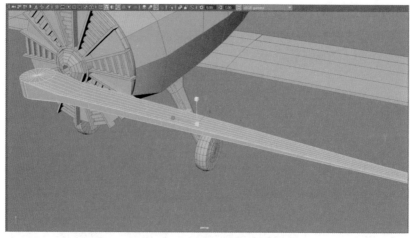

图2.232　上下缩放插入的循环边

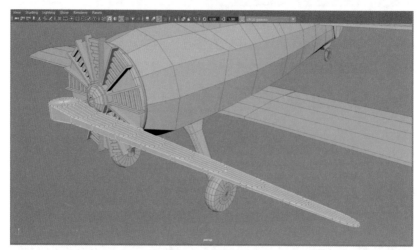

图2.233　选中中心点

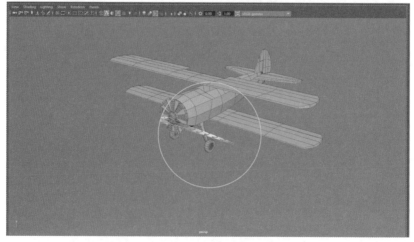

图2.234　调整软选择范围

按E键切换到Rotate模式，按住J键进行成比例旋转，如图2.235所示。

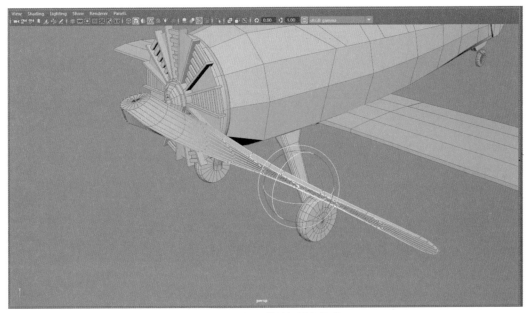

图2.235　打开软选择进行旋转

　　注意，使用Soft Selection模式时，不要过多选择点，否则有可能导致螺旋桨走形。使用完软选择之后记得再按B键取消软选择。

　　旋转完成后切换到Face模式，选择圆柱中间的面进行删除，删除之后的效果如图2.236所示。

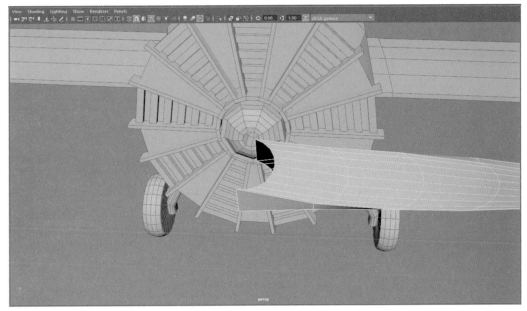

图2.236　删除多余面

　　然后对其进行Freeze Transformations（冻结变换）操作，使其属性归零，如图2.237所示。

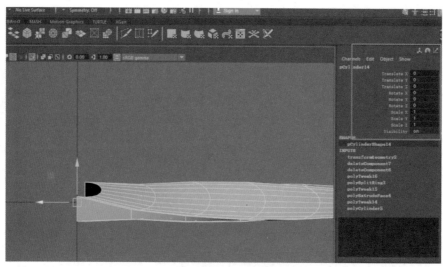

图2.237　冻结变换

确定螺旋桨的枢轴点是否在场景的中线上，如果没在的话，按W+X组合键把枢轴拖动到中线上，确定中线如图2.238所示。

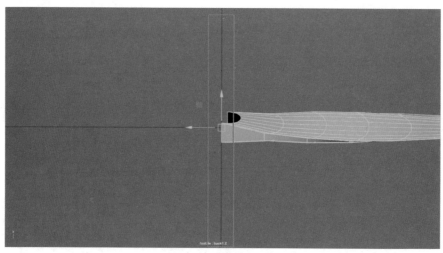

图2.238　确定中线

按Ctrl+D组合键进行复制，将选择复制模型的Channel Box中Scale选项由X改为-1，Rotate X改为180，然后调整两个模型中间的距离，使其对接，镜像复制如图2.239所示。

选择两个模型进行合并操作。将重合部位的点按R键进行压缩并合并，如图2.240所示。

选中中间空洞部分上面的一圈顶点，如图2.241所示。

按R键进行压缩，使其平行于X轴，压缩顶点如图2.242所示。

按E键进行旋转，使其与螺旋桨旋转方向一致。下方的顶点同理，压缩并旋转顶点如图2.243所示。

切换到Edge模式，选中上下两圈的边，按住Shift键并右击，向下拖动至Bridge（桥接）命令并执行，这样就将中间空洞的一圈填满了模型。桥接前、后分别如图2.244和图2.245所示。

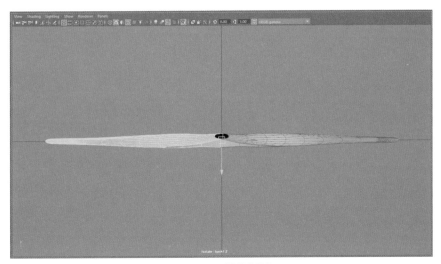

图2.239　镜像复制

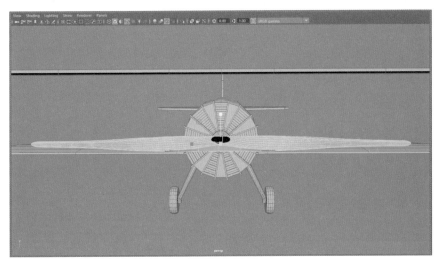

图2.240　压缩并合并

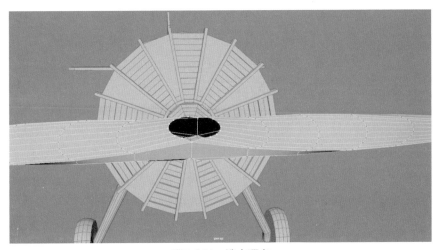

图2.241　选中顶点

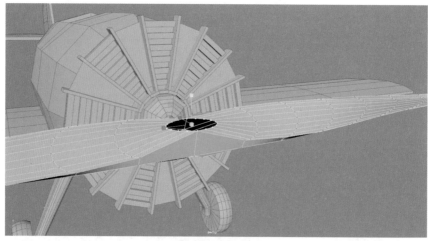

图2.242　压缩顶点

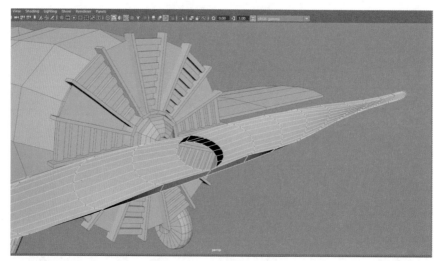

图2.243　压缩并旋转顶点

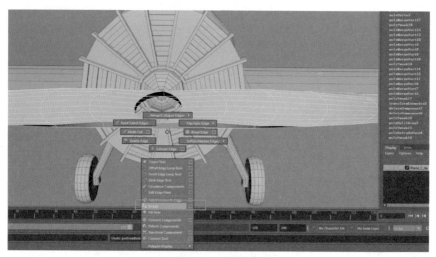

图2.244　桥接前

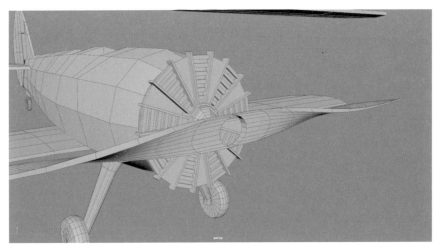

图2.245　桥接后

创建一个多边形圆柱，更改其参数属性如图2.246所示。

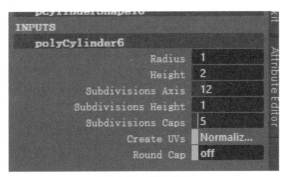

图2.246　更改参数

将圆柱调整到如图2.247所示位置。

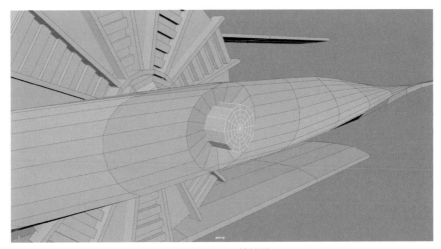

图2.247　调整位置

切换到Vertex模式，选中最中心的一个点，按B键开启Soft Selection模式，长按B键的同时长按鼠标中键左右滑动调整软选择范围，如图2.248所示。

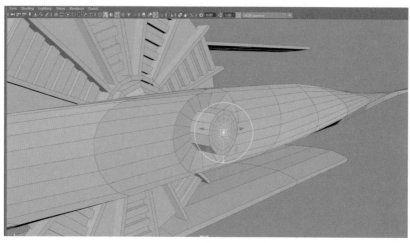

图2.248 调整软选择范围

按W键拖动鼠标直至箭头呈现如图2.249所示。

图2.249 拖曳形状

调整螺旋桨的大小使其与发动机相对应，如图2.250所示。

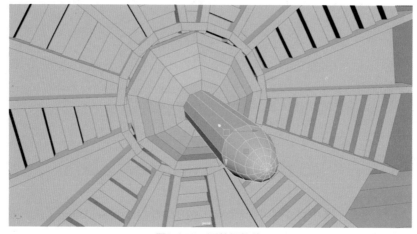

图2.250 调整螺旋桨

使用Multi-Cut工具，对照螺旋桨的厚度，按Ctrl键为圆柱体加环线，如图2.251所示。

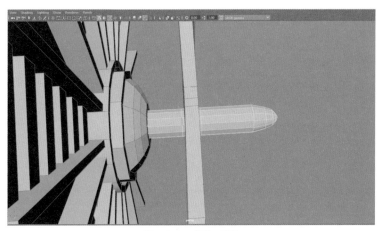

图2.251 添加环线

选中刚才添加环线时产生的圈面如图2.252所示。

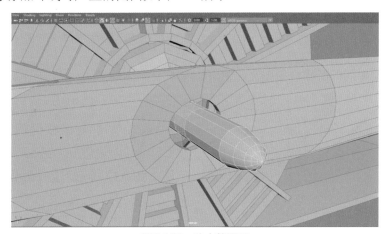

图2.252 选中整圈面

根据参考图再次进行调整，按R键增长面的长度，如图2.253所示。

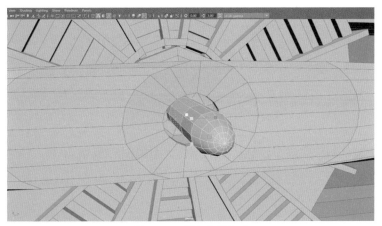

图2.253 增长面的长度

使用Extrude命令进行缩放，挤出到如图2.254所示形状。

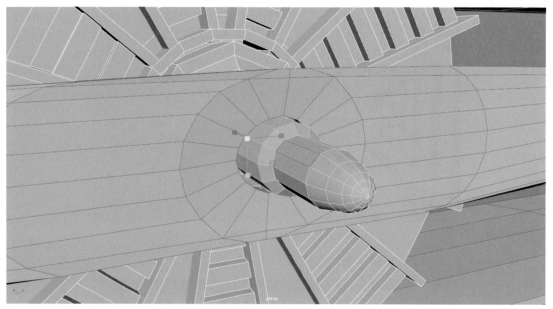

图2.254　挤出面到形状

微调螺旋桨中间的形状，如图2.255所示。

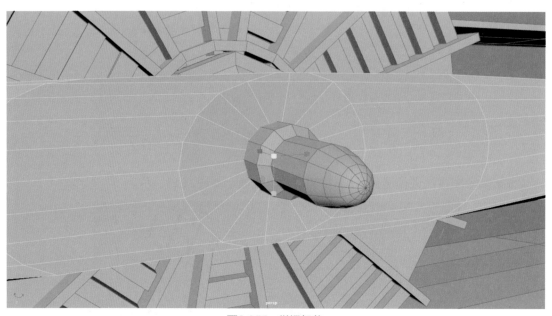

图2.255　微调细节

到这里螺旋桨就制作完成了，螺旋桨的整体大型如图2.256所示。

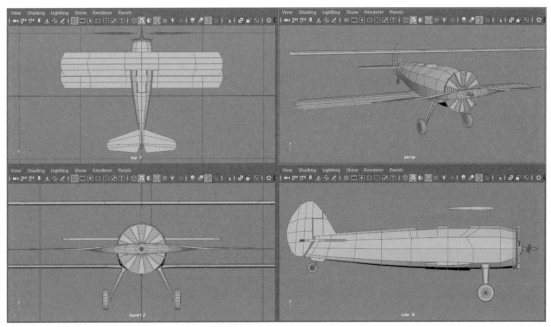

图2.256 螺旋桨的整体大型

2.7.7 机翼支架以及其他零件的创建

创建一个多边形圆柱，更改其细分数，如图2.257所示。

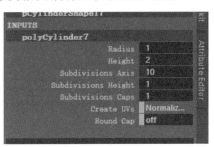

图2.257 更改细分数（机翼支架以及其他零件）

调整其长度和宽度，如图2.258所示。

按R键把圆柱左右宽度进行压扁，如图2.259所示。

按E键切换到Rotate模式，按住J键进行成比例旋转，旋转其至合适角度，如图2.260所示。

选中圆柱上面的点，按住R键的同时按住鼠标左键，在弹出的菜单中选择World（世界）坐标轴方式，然后按住挤压坐标的绿色方块，向下滑动来进行整体压扁，如图2.261所示。

调整其位置，使机翼架摆放到正确位置，如图2.262所示。

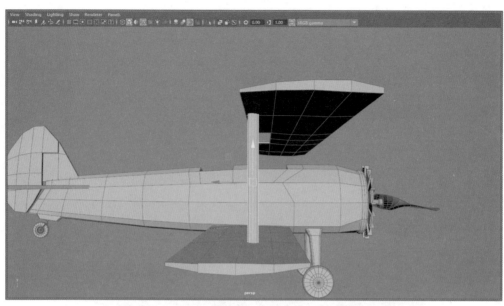

图2.258　更改长度和宽度（机翼支架以及其他零件）

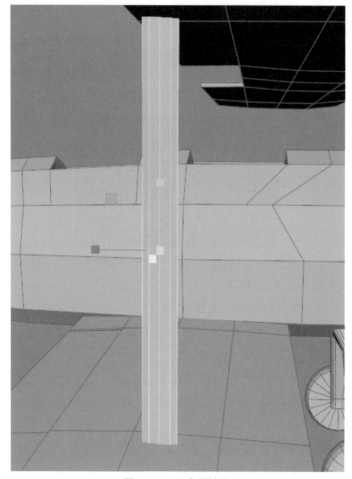

图2.259　压扁圆柱体

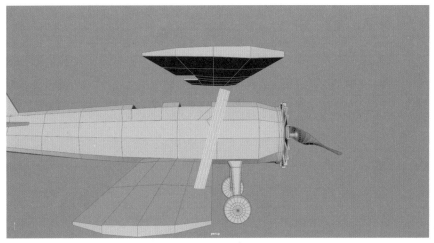

图2.260 旋转圆柱

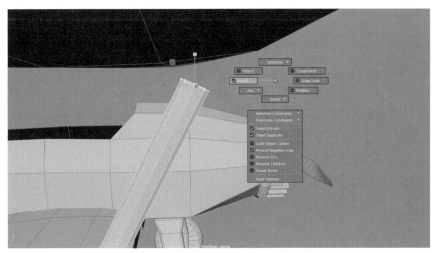

图2.261 压扁面

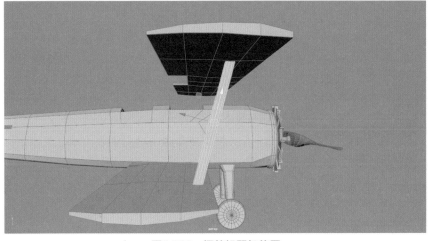

图2.262 摆放机翼架位置

按Ctrl+D组合键复制，按W键拖动鼠标至另一个机翼架的位置，其他所有架同理，如图2.263所示。

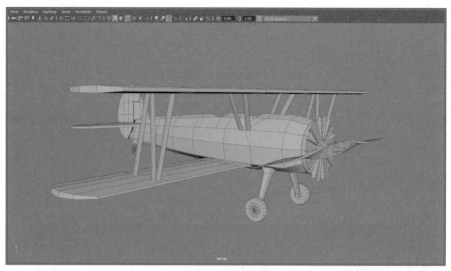

图2.263 机翼架摆放位置

可以在座舱上适当增加面，通过挤压面的方式，制作出防风玻璃。使用Multi-Cut工具并按Ctrl键向座舱前添加环线，如图2.264所示。

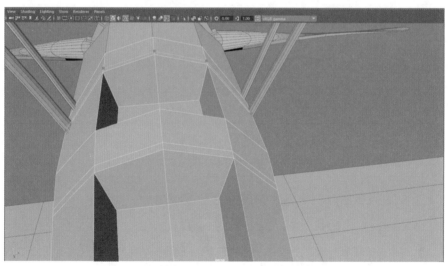

图2.264 添加环线（机翼支架以及其他零件）

选中中间的四个面进行挤出，挤出面（机翼支架及其他零件）如图2.265所示。

选中侧面的四个面，如图2.266所示。

按W键后向上拖动鼠标，给其一个弧度，并缩短其长度，调整后的效果如图2.267所示。

最后，检查一下各个部位的细节并查看有无多边面，至此，飞机就制作完成，最后的效果如图2.268～图2.270所示。

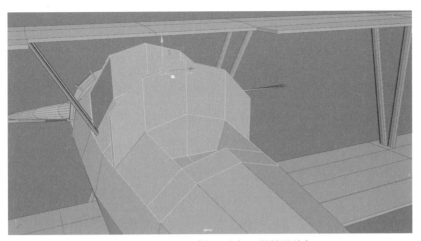

图2.265　挤出面（机翼支架及其他零件）

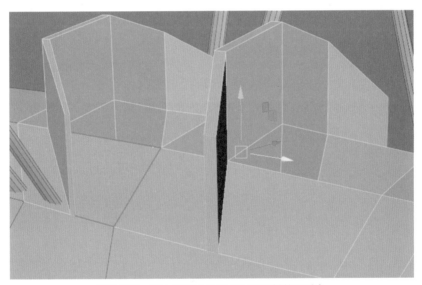

图2.266　选中侧面（机翼支架以及其他零件）

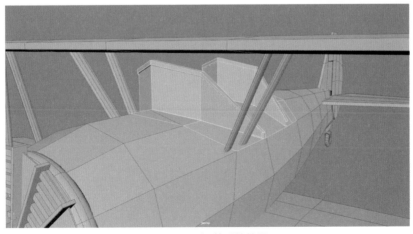

图2.267　调整后的效果

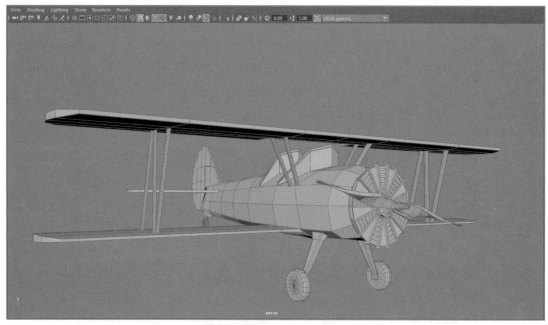

图2.268　最终效果（整）

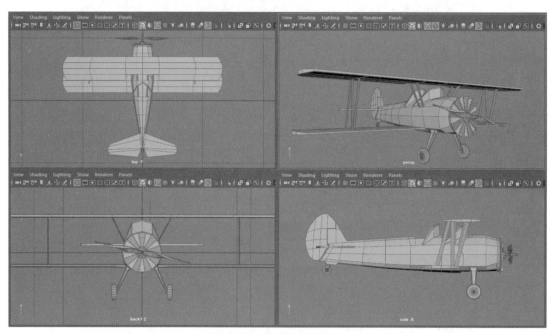

图2.269　最终效果（分）

图2.270　最终效果图

　　本节主要通过一个飞机实例讲解了常用的多边形建模命令。通过案例，读者应该对多边形建模的整体思路和步骤，以及在建模过程很多不容易解决的问题有了一个具体的了解和认知，希望读者在今后的运用中能够加以领会，不断实践以加强建模思路和制作方法。

第3章
复杂道具的建模

3.1　多边形的显示控制

Maya中的Polygons（多边形）模型提供了多种显示方式，目的是在创作过程中以不同观察效果辅助建模并提高效率。

多边形的显示主要通过执行Display（显示）→Polygons（多边形）命令来进行设置，常用的选项有Backface Culling（背面显示），在选择复杂模型的元素和检查面法线时非常有用，Backface Culling设置如图3.1所示。

图3.1　Backface Culling设置

启动Border Edges（边缘边）模式，多边形开放的边会以加粗形式显示，对于缝合两个多边形及查找没有缝合的边界等非常方便，打开显示如图3.2所示。

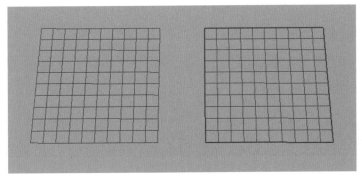

图3.2　打开显示

多边形元素数目的显示通过执行Display（显示）→Heads Up Display（抬头显示）→Poly Count（多边形数）命令来打开，多边形数目显示如图3.3所示。

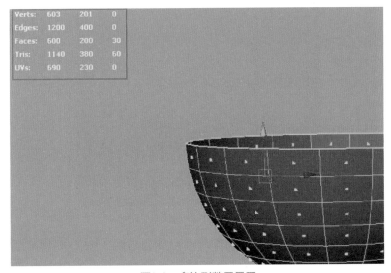

图3.3　多边形数目显示

3.2　多边形的检查与错误清理

在建模过程中，有一些错误操作很难避免，这里介绍一下一些常见的检查方法。首先是非法几何体，很多Maya的操作工具和命令在非法几何体上无法工作，所以需要严格避免并且查找后进行更正，如图3.4所示的三种情况属于非法几何体。

第一种：三个或三个以上的面共享一条边。

第二种：两个或两个以上的面仅有一个点共享，而没有边。

第三种：相邻面的法线相反。

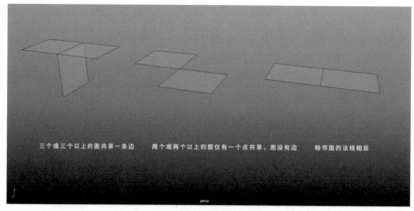

图3.4 非法几何体

第四种是N边面。通常情况下，规范的模型应该尽量保证是四边面，不要出现大于四边及以上的N边面，N边面如图3.5所示。

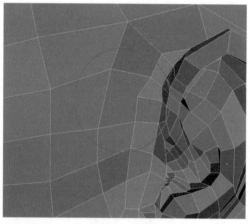

图3.5 N边面

第五种是0元素。在做挤压或合并操作时，可能会出现一些面积为0的面或长度为0的边，也就是说顶点与顶点重合却又没有对其进行合并，这种情况也需要进行纠正。出现这种情况时，可以按键盘上的3键，让模型平滑后观察拓扑面的变化来判断是否出现0长度边，0长度边如图3.6所示。

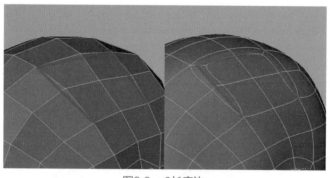

图3.6 0长度边

以上这几种问题，可以通过执行Mesh（面）→Cleanup（清理）命令来检查，Cleanup（清理）命令提供了多个针对不同情况的选项设置，它对保证模型的正确整洁非常有用，Cleanup（清理）属性面板如图3.7所示。

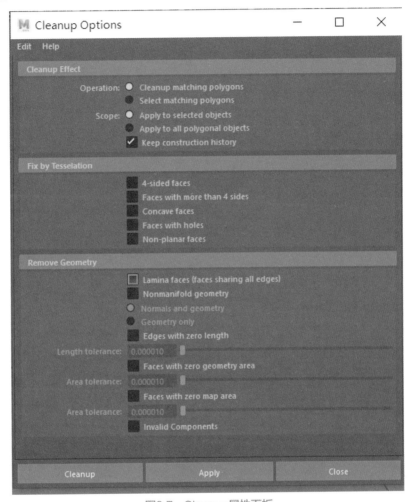

图3.7　Cleanup属性面板

3.3　多边形建模工具

3.3.1　Create Polygon

　　Create Polygon（创建多边形）是一个通过直接创建多边形顶点来创建多边形的工具，单击平面任意位置即可形成多边形平面，绘制完成后，按Enter键确定当前形状，创建多边形如图3.8所示。

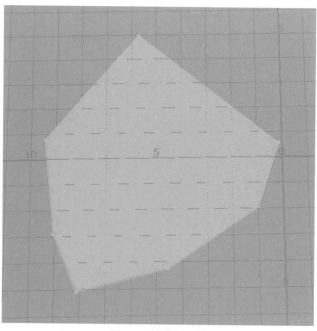

图3.8　创建多边形

3.3.2　Multi-Cut

第2章介绍了通过按Ctrl键同时单击边加入环形切割边，Multi-Cut（多切割）工具还可以通过单击物体进行切割，确定切割后，按Enter键确定当前切割效果，手动加线过程如图3.9所示。

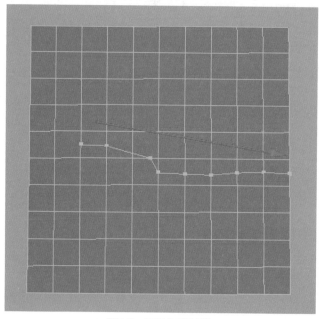

图3.9　手动加线过程

3.3.3 Append to Polygon Tool

使用Append to Polygon Tool（添加多边形工具）可以在已有的多边形上添加新的模型，很多时候利用它来给一些开口位置进行补面，选择一条边后再选择开口处的另外一条边即可进行快速补面，添加多边形如图3.10所示。

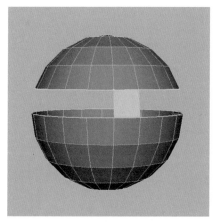

图3.10 添加多边形

3.3.4 Merge

Merge（合并）可以用来将选定的点或边进行合并，合并顶点如图3.11所示。

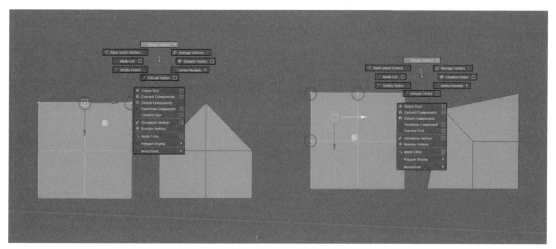

图3.11 合并顶点

3.3.5 Average Vertices

Average Vertices（均匀化顶点）是对顶点作平滑处理，与Smooth不同的是，它不会增加细分，可以通过反复执行来达到理想效果。

3.3.6　Duplicate Face

Duplicate Face（复制面）是对选择的多边形面进行复制，从而复制出新的表面，如图3.12所示。

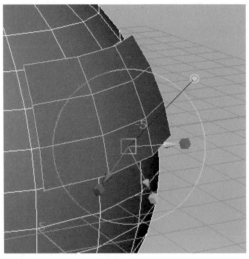

图3.12　复制面

3.3.7　Lattice

使用Lattice（晶格变形）可通过较少的晶格点来控制复杂模型的变形，在模型顶点较多的情况下尤为有用，晶格变形如图3.13所示。

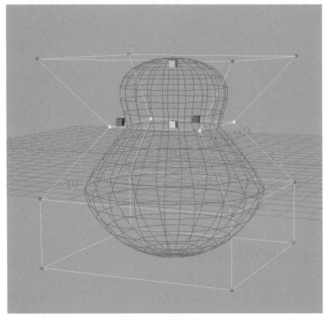

图3.13　晶格变形

3.4 多边形吉他实例

现在可以尝试更复杂的道具建模了——制作一把吉他，吉他的参考图如图3.14所示。

图3.14 吉他的参考图

看似简单的一把吉他，上面却包含了很多复杂的细节。建模原则是从粗到细，由简入繁。最开始还是从大结构入手，可以借助参考图，把握整体比例关系。首先制作吉他身。在side（侧）视图导入参考图片，选择Mesh Tools（面工具）→Create Polygon（创建多边形）命令，根据吉他参考图的样子，创建多边形面片，但创建时应注意尽量保证每条边的跨度均匀，如图3.15和图3.16所示。

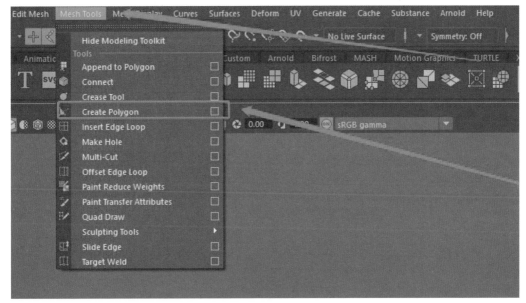

图3.15 创建多边形建模工具

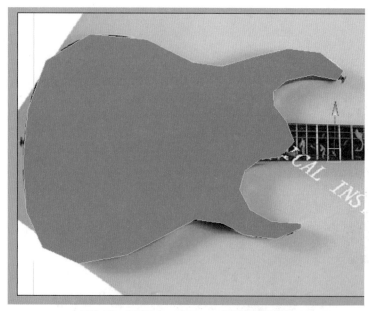

图3.16　使用Creat Polygon工具绘制轮廓

这样在side视图创建出来的是一个大的N边面，所以需要给它做一些布线和划分，这也为后面在上面打洞做准备。选择Mesh Tools（面工具）→Multi-Cut（多切割）命令进行布线，布线要保证没有多于四个边的面，加线工具设置如图3.17所示。

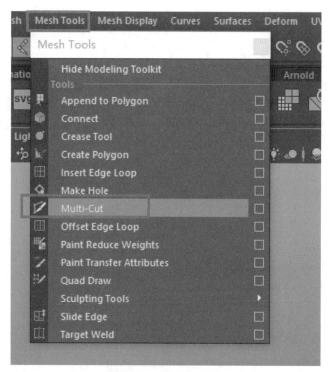

图3.17　加线工具设置

加线后的效果如图3.18所示，尽量保证面的大小相对均匀与整齐。

调节吉他身左上角结构转折位置的走线。为保证顶点之间的位置均匀，可以多次使用Average Vertices（均匀化顶点）来调节，修改部位走线如图3.19所示。

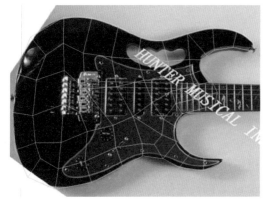
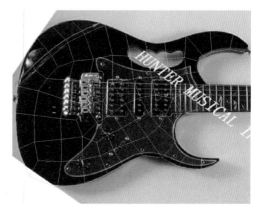

图3.18 加线后的效果   图3.19 修改部位走线

观察吉他的参考图，可以发现吉他身把手位置还需要开一个洞，而且还有点弧线结构的变化，如果直接删除面将会导致精度不统一，所以先对模型添加Smooth（平滑）命令，再来进行挖洞，平滑模型如图3.20所示。

在把手位置将结构线做适当调整，在必要的位置加入些线，保证无N边形面出现，然后再将中间需要开口位置的面进行删除，此时即在把手位置打开了一个洞，如图3.21所示。

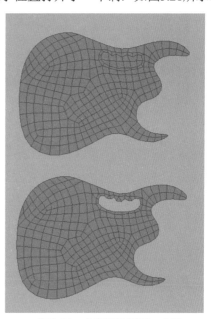

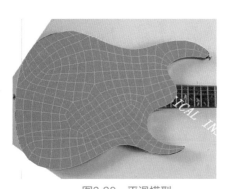

图3.20 平滑模型   图3.21 在把手位置开一个洞

轮廓形态调节完成后可以进行Extrude（挤压）操作，并对边缘轮廓添加倒角，挤压并导角后的效果如图3.22所示。

吉他身的左上角边缘可以使用Lattice（晶格变形）来调节，这样的好处在于可以一次性调整，而不用通过逐点调整来修正形状，如图3.23所示。

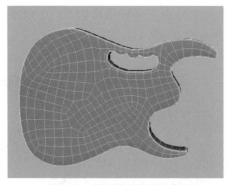

图3.22　挤压并导角后的效果

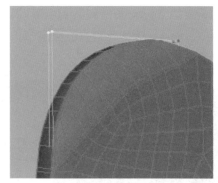

图3.23　使用Lattice调节

观察吉他的参考图片，发现吉他背面的结构与正面是有一些区别的，是需要单独处理的，这里先放到后面再进行制作。下面使用Duplicate Face（复制面）的方式从吉他身上复制出一部分面，再配合Multi-Cut手动加线及Append to Polygon Tools（添加多边形工具）来进行修改，调节顶点与参考图匹配，如图3.24所示。

边缘再做一些挤压操作以增加模型的厚度感，挤压出的厚度如图3.25所示。

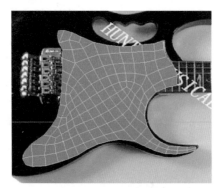

图3.24　复制面再调节

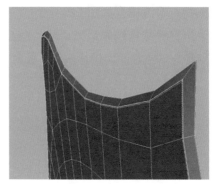

图3.25　挤压出的厚度

此时吉他身的效果如图3.26所示。

下面来制作吉他身的后面。首先在边缘厚度的中间位置插入一条线将前后断开，这样可以保证加线时吉他身的前后面不相互影响，再来进行合并。背面主要考虑图3.27中两处粗线位置的结构，修改它的走线，如图3.27所示。

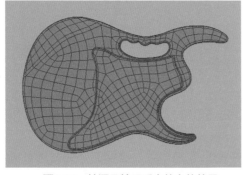

图3.26　挖洞及挤压后吉他身的效果

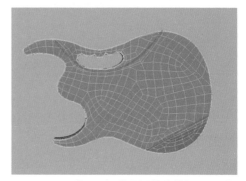

图3.27　背面调节走线

　　尽量保证中间位置点的位置不发生改变，这样可以避免在合并后出现表面过渡不连续的现象，中间位置断开如图3.28所示。

　　现在需要在正面中间细节最多的地方开个口，先制作一个辅助物体，然后准确地放置到相应位置作为加线的参考，创建辅助物体如图3.29所示。

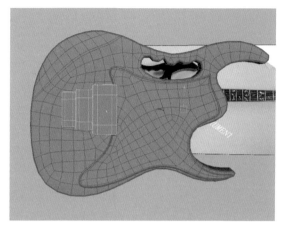

图3.28　中间位置断开　　　　　　　　　图3.29　创建辅助物体

　　沿两个物体相交的边缘加线，修改布线如图3.30所示。

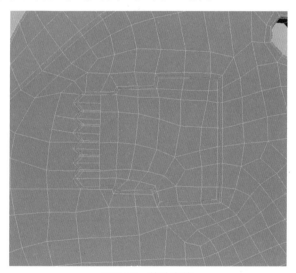

图3.30　修改布线

　　将这部分面删除，使用边挤压方式再构造这里的形态。

　　选中左侧波浪形的边，多次挤压得到一个弧形，再将侧面的面向下挤压来拼合，开口过程如图3.31所示。

　　底部的面手动进行拼合，如图3.32所示。

　　为了让吉他表面的模型与下方空洞吻合，需要将底部的面进行随形切割，如图3.33所示。

　　删除这部分面再对边缘做倒角，切开后的效果如图3.34所示。

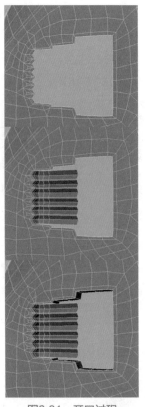

图3.31 开口过程

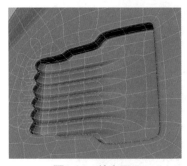

图3.32 补上开口

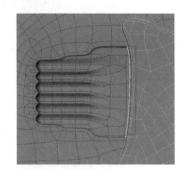

图3.33 表面物体切开内容示意

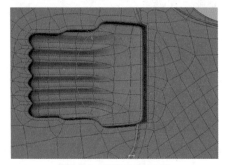

图3.34 切开后的效果

使用平面做几次挤压得到上面金属板的基本形态，制作上面零件如图3.35所示。

暂时先不挤压出整体的厚度，根据后面需要开口的位置在图3.36中的6个位置给边做倒角，将这几个位置的面删除，加线如图3.36所示。

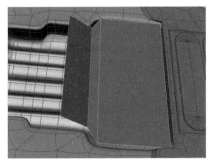

图3.35　制作上面零件　　　　　　　　　图3.36　加线

整体执行一次挤压，为保证平滑后的效果，在转角位置需要多一些的线，进行开口如图3.37所示。

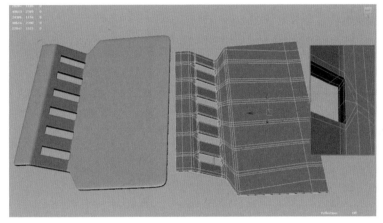

图3.37　进行开口

在另一端还需要开两个螺丝的位置，通过删除再补面，然后加足结构线，参考图3.38所示的步骤。

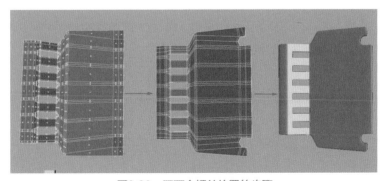

图3.38　开两个螺丝位置的步骤

两头的螺丝使用12×13的圆环来制作，可以得到很好的外圈，螺丝的制作过程如图3.39所示。

删除两头的部分面，然后中心收缩进行封口，如图3.40所示。

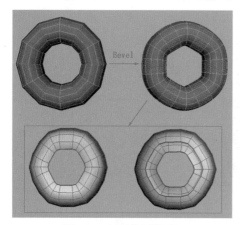

图3.39　螺丝的制作过程

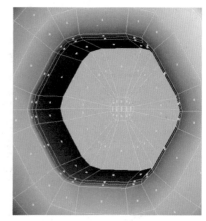

图3.40　中心收缩封口

由于底部暴露部分较少，可以作简单处理，挤压出螺丝的身体如图3.41所示。将螺丝放置到相应位置，如图3.42所示。

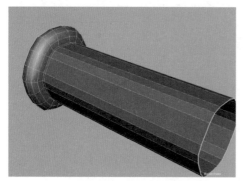

图3.41　挤压出螺丝的身体

图3.42　放置螺丝到相应位置

正表面的几个部件没有太大难度，注意这5个部件采用最终精度来制作，也就是直接达到最后的效果，不进行平滑处理，几个部件的效果如图3.43所示。

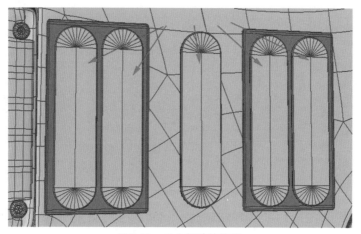

图3.43　几个部件的效果

注意，在转折位置加入足够多的线，以保证平滑后的效果，边缘加线如图3.44所示。

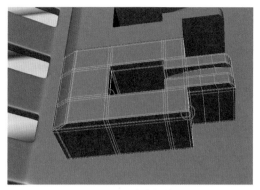

图3.44 边缘加线

接着加上吉他的弦和炳，其中两个小按钮是通过圆柱变形得到的，创建弦和柄的基础模型如图3.45所示。

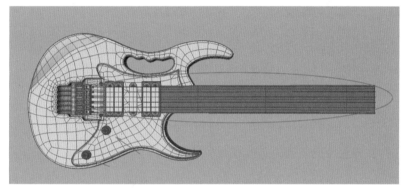

图3.45 创建弦和柄的基础模型

继续添加一些细节，如图3.46所示。

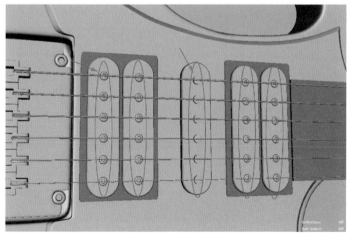

图3.46 添加更多细节

这与旁边部件的建模方法类似，没太多特别之处，加线平滑如图3.47所示。

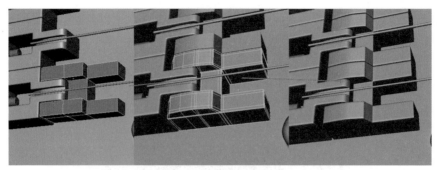

图3.47　加线平滑

螺钉都是可以共用的。该吉他模型上很多地方都会有螺丝，只需要制作一个，其余复制粘贴即可，另一种制作螺丝的步骤如图3.48所示。

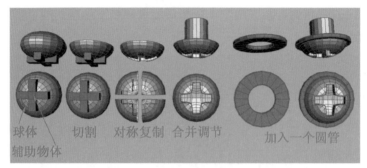

球体
辅助物体　切割　对称复制　合并调节　　加入一个圆管

图3.48　另一种制作螺丝的步骤

根据吉他的参考图片把复制的螺丝摆到相应位置，可以选择Rotate选项来产生随机的效果，如图3.49所示。

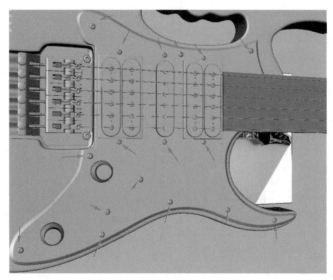

图3.49　将螺丝摆到相应位置

现在来制作吉他柄的细节。首先将吉他柄分成前后两块，主要考虑不会相互干扰，如图3.50所示。

图3.50 将吉他柄分为前后两块

头部采用挤压造型，如图3.51所示。

前面再来做一次挤压，保证两个物体能结合得比较真实。再次朝前挤压，如图3.52所示。

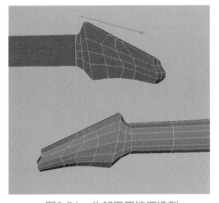

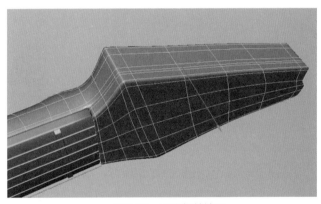

图3.51 头部采用挤压造型

图3.52 再次朝前挤压

先对吉他柄前面部分进行Smooth操作以达到最终精度，再创建四个圆柱来进行Booleans（布尔）操作，使用Booleans操作进行造型的前后效果如图3.53所示。

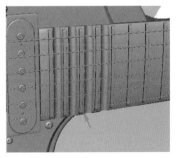

（a）Booleans操作前

（b）Booleans操作后

图3.53 使用布尔造型

图3.54中的两个小零件可以采用与前面类似的建模方式进行制作。

根据吉他弦延伸出来的位置定位图3.55中6个零件的位置，如图3.55所示。

图3.54　添加一些小零件

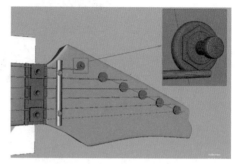
图3.55　使用辅助物体帮助定位

使用Helix（多边形螺旋线）来模拟弦缠绕的效果，主要通过基本参数调节来实现，比较重要的是要保证其截面的段数与前面弦的段数一致，这样使其与弦的面可以完美地进行结合。创建基本螺旋线并调节，如图3.56所示。

结合并合并顶点，多边形螺旋线与弦进行合并的效果如图3.57所示。

图3.56　创建基本螺旋线并调节

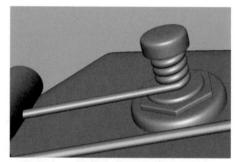
图3.57　多边形螺旋线与弦进行合并

复制另外5个合并后的琴弦模型，放到相应位置，如图3.58所示。

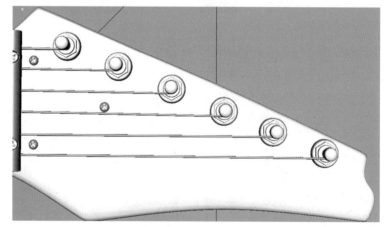
图3.58　复制另外5个合并后的琴弦模型

后面旋钮的制作过程如图3.59所示。

然后将旋钮摆放到相应位置，再进行一些随机的旋转，随机旋转并摆好位置后的效果如图3.60所示。

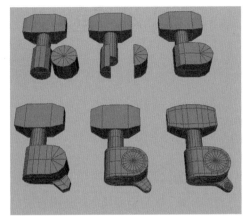

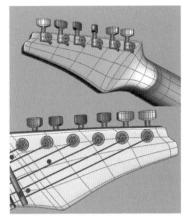

图3.59　后面旋钮的制作过程　　　　图3.60　随机旋转并摆好位置后的效果

至此，吉他就制作完成了，最终效果如图3.61所示。

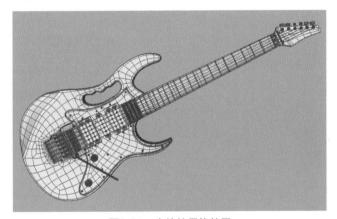

图3.61　吉他的最终效果

通过本章的练习，相信读者对复杂道具建模有了更深一步的认识，同时在造型能力上也应有一定程度的提升。在建模时，应学会首先分析物体的结构，再来决定要使用的建模方法。另外在对于模型边缘硬度的处理上，需要根据物体的质感来进行把握。

第4章
卡通角色的建模

教学目的

- 学习卡通角色的建模方法。
- 训练有机模型结构的把握能力。
- 学习如何合理加线制作细节。

教学重点

- 角色结构的表现。
- 使用拼接法来制作模型。

4.1 基本工具

　　Merge Vertices（合并顶点）是为了让物体形成一个整体。Merge Vertices工具有两种：第一种是Merge Vertices to Center（合并顶点到中心），所有选中的顶点执行命令后都会合并到一个点上，适用于较少的点合并；第二种是Merge Vertices（合并顶点），其有一个距离值，合并顶点会自动合并在距离范围内的当前选中的点，适用于大量重合的点。合并顶点工具如图4.1所示。

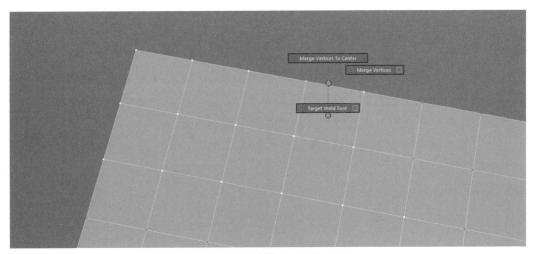

图4.1 合并顶点工具

4.2 卡通建模实例

本章选择迪士尼著名的卡通形象高飞作为制作实例，如图4.2所示。高飞给人们的印象是动作、表情非常夸张，角色具有极强的表现力，这些都是需要考虑的重点。

图4.2 角色设定图

在建模之前，先收集了大量的图片参考，仔细观察角色在不同角度、不同动作时的结构变化，对其表面结构有一个清晰的认识是建模的前提。

4.2.1　头部粗模

下面来看一下头部的结构。观察图4.3中的箭头指示，这是头部走线主要需要考虑的地方，嘴巴和眼睛这两个位置的正确走线也是为满足表情动画时不会产生不必要的拉伸及面的错误，这是头部建模的主导思想，头部大体走线如图4.3所示。

另外，再仔细观察头部的大结构关系，主要可以将其分成三部分。在制作简模时主要需要把握好的也是大结构、大块面之间的关系，然后在此基础上进行细化处理，分块方法如图4.4所示。

图4.3　头部大体走线

图4.4　分块方法

设置好场景，将正面与侧面的参考图片导入Maya，如图4.5所示。

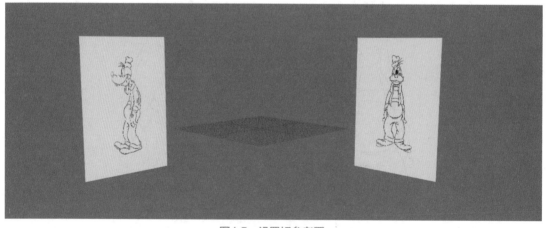

图4.5　设置好参考图

头部使用基本立方体为基础物体，建立一个长、宽、高段数都为一段的Cube（多边形立方体），做适当移动与缩放到相应位置，然后添加一个Smooth（平滑）命令，细分次数为1，按参考图调整其位置，如图4.6所示。

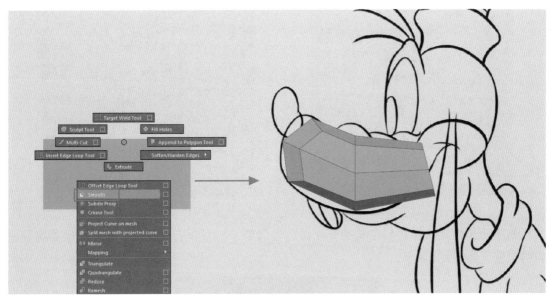

图4.6　基础模型

采用同样的方法，根据前面的分析制作出另外两个结构。观察图4.7中的箭头位置，发现边的跨度比较大，可以在此位置加入一条连续边（也可选择原有连续边进行一次倒角操作得到），头部基础模型如图4.7所示。

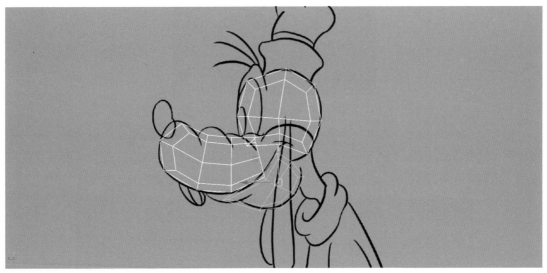

图4.7　头部基础模型

下面要考虑的问题是如何将它们连接起来。先看下面两个物体，在不考虑上面顶部物体时做连接非常的简单，直接按图4.8中箭头所示进行挤压合并就搞定了。

图4.9是拼接后的效果，在转角的位置可以适当多一些细分段数。

图4.8　多次挤出面进行连接

图4.9　拼接后的效果

拼接后再根据头部前后结构的变化做适当调节，在后面应该会收小一点。适当调节顶点的位置，如图4.10所示。

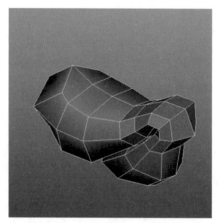

图4.10　适当调节顶点的位置

再与上面模型拼合，这里也多加入了一条线以保证上下细分匹配。在拼合时，合并两物体后，选择Append to Polygon Tool（添加多边形工具）选项来完成，选中需要连接的两条线，出现粉色补块后按Enter键即可连接，顶部拼合的步骤如图4.11所示。

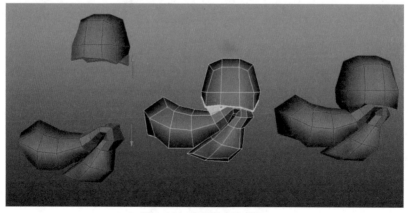

图4.11　顶部拼合的步骤

调节结合位置的顶点，保证整体走线流畅。头部拼合完成后的效果如图4.12所示。
再建立两块多边形立方体，通过圆滑操作后调整顶点为耳朵形体，如图4.13所示。

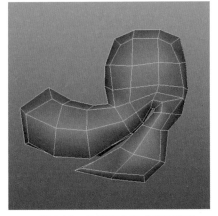
图4.12 头部拼合完成后的效果

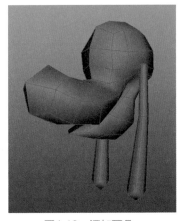
图4.13 添加耳朵

4.2.2 身体粗模

身体部分还是采用分块的方法，这样做的好处是在最初可以不用考虑太多走线上的问题，把主要精力放在把大块结构表现到位上面。身体部分使用一个基本圆柱体，然后删除上下两个面。借助参考图可以很容易调节好大体结构，使用圆柱制作身体如图4.14所示。

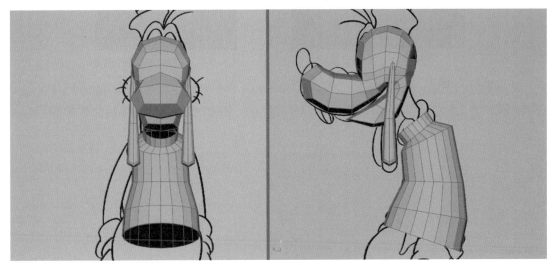
图4.14 使用圆柱制作身体

主要需要注意的一个地方就是多边形圆柱体的横截面，为了保证身体与后续创建的手臂能够顺利缝合，身体圆柱的分段数纵向保持为6段，如图4.15所示。

手臂也是通过调节多边形圆柱体来得到，注意删除顶面与底面，因为这两个位置是用来拼合的，圆柱体制作的手臂如图4.16所示。

图4.15　设置合适的段数

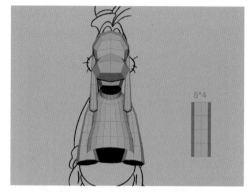

图4.16　圆柱体制作的手臂

将手臂做一定旋转，可以让其张开45°，这样也方便后面绑定环节的工作，如图4.17所示。

在衣服与手臂交接处开一个口做连接，删除面为连接做准备，如图4.18所示。

图4.17　调节手臂角度

图4.18　删除面为连接做准备

选择身体和手臂，执行Mesh（面）→Combine（合并）命令，再选择Append to Polygon Tool（添加多边形工具）选项连接手臂和身体的面，并调节顶点，连接后的效果如图4.19所示。

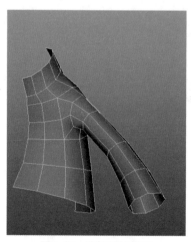

图4.19　连接后的效果

裤子也分为两部分，一部分根据肚子的结构用Smooth为1级的立方体来制作，然后再使用与手臂一样的方法制作一条裤腿，裤子基础模型的制作如图4.20所示。

要连接裤子，这里需要对腰部模型做一些处理。首先在中间位置加入新线，这样做的目的是为了避免裤管在与上面连接时交接点在边界上，导致动画时产生不必要的变形。然后再对下面的四个面做一次向下的挤压，腰部细化如图4.21所示。

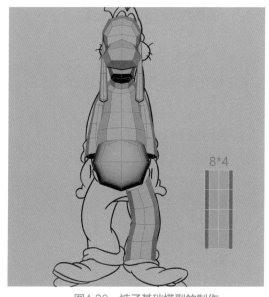

图4.20　裤子基础模型的制作

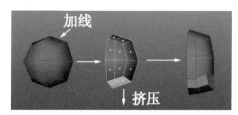

图4.21　腰部细化

按图4.22（a）所示删除物体右下角的面来做连接，创建模型并连接裤管如图4.22（b）所示。

下面是鞋子的制作，鞋子的制作步骤如图4.23所示。

（a）删除面　　（b）创建模型连接

图4.22　连接裤管

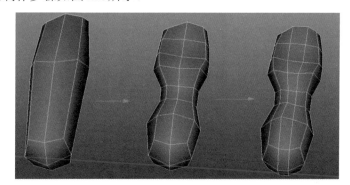

图4.23　鞋子的制作步骤

下面是手掌部分的基本几何体组合方法，平滑两级的立方体再加四根圆柱（截面分段数都是8段）来进行拼合，手掌拼接前的效果如图4.24所示。

注意，指尖要删除部分线，保证是四边面结构，同时在手腕位置选中四个面向里挤压，得到手腕的结构，手掌拼接后的效果如图4.25所示。

图4.24　手掌拼接前的效果

图4.25　手掌拼接后的效果

调整顶点，如图4.26所示。

注意，在关节位置需要至少有三段线，以保证能正确动画，关节位置加线如图4.27所示。

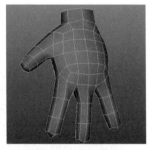
图4.26　调整顶点

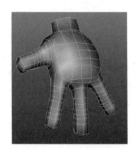
图4.27　关节位置加线

4.2.3　细化模型

整体粗模完成后，接下来从高飞狗模型头部开始逐一细化。首先在头部居中位置插入一条环形边，加入环形边后一定要逐一调节线与线之间所新交叉的点，形成圆滑的模型表面。加入这条环形边的目的是为了给后续眼睛、鼻子和嘴部细化打下前期基础。加线位置如图4.28所示。

高飞的眼睛是比较特别的，所以手动通过Multi-Cut工具加入一条线，主要根据眼睛的结构进行添加，如图4.29所示。

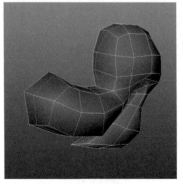
图4.28　头部内侧加线

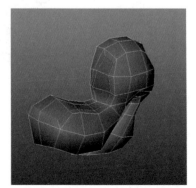
图4.29　眼睛位置加线

继续加线，让眼睛上有足够的线来表现高飞眼睛的特点，注意在头顶位置线不好布置时，使其形成三角面，在后面再来统一处理，细化眼睛如图4.30所示。

继续加线，调整点将模型细化，如图4.31所示。

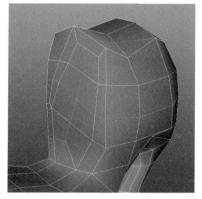

图4.30　细化眼睛

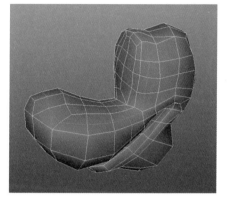

图4.31　继续增加细节

现在可以在眼睛上进行一次挤压，制作出眼睛的结构，挤出眼睛如图4.32所示。

为保证眼框平滑后的变形不会太大，在下眼睑位置加入一条线，这样也正好与顶部的三角面结合起来了，如图4.33所示。

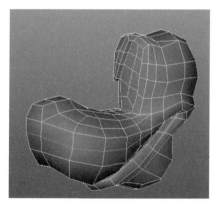

图4.32　挤出眼睛

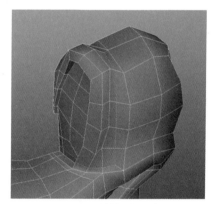

图4.33　继续细化眼睛

观察参考图模型脖子的位置，如图4.34所示，选择头部后面的四个面挤压出脖子模型，挤压后的调整结构如图4.35所示。

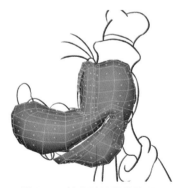

图4.34　挤出脖子前的效果

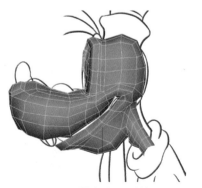

图4.35　挤出脖子后的效果

鼻头非常简单，选择相应位置的面来挤压，挤出鼻头如图4.36所示。

仔细观察参考图片，鼻子上面的一些褶皱也可以通过加线来实现，添加鼻子上的褶皱如图4.37所示。

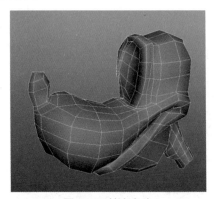
图4.36 挤出鼻头

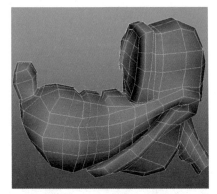
图4.37 添加鼻子上的褶皱

在平滑模型下调节顶点，保证边与边过渡得相对均匀，均匀化下面的线如图4.38所示。

在口腔里面做一次挤压，表现出口腔的结构，挤压口腔如图4.39所示。

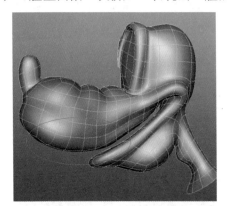
图4.38 均匀化下面的线

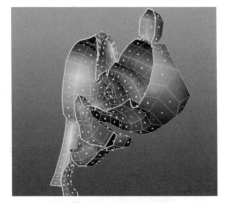
图4.39 挤压口腔

现在可以将耳朵合上，两边对比观察一下，再对形态做一些细微的调整，合并耳朵如图4.40所示。

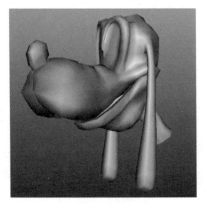
图4.40 合并耳朵

衣服和裤子相对就简单很多，只需要在领口与袖口的位置卷一下边，挤出衣领如图4.41所示。

再手动添加些线，细化衣领如图4.42所示。

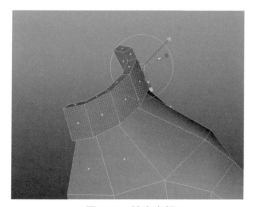

图4.41　挤出衣领

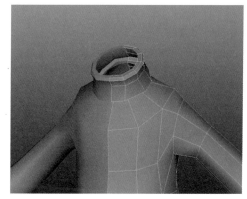

图4.42　细化衣领

腰部继续卷边，腰部细化如图4.43所示。

用同样的方法制作衣袖，袖口的处理如图4.44所示。

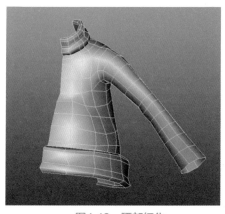

图4.43　腰部细化

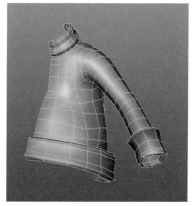

图4.44　袖口的处理

裤子也采用同样的方法，裤子的处理如图4.45所示，制作步骤如图4.46所示。

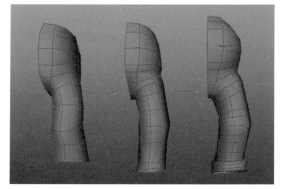

图4.45　裤子的处理

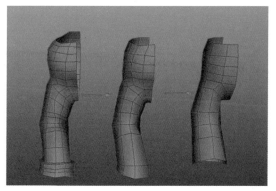

图4.46　裤子的制作步骤

鞋子主要需要表现两个地方：鞋底边缘及鞋跟，如图4.47所示。

对底部边缘的面做一次向外的挤压，底部挤压如图4.48所示。

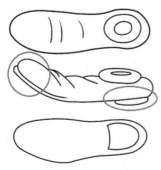

图4.47　鞋子需要表现的两个地方

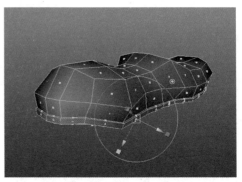

图4.48　底部挤压

再挤压出鞋跟，注意在结构转折位置需要加入足够多的线，以保证平滑后的细节表现正确，挤出鞋跟如图4.49所示。

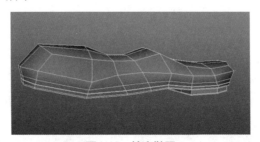

图4.49　挤出鞋跟

再对整体形态做适当调节，鞋口位置向上面挤压，挤出开口位置如图4.50所示。

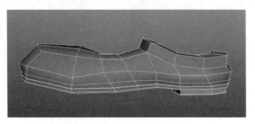

图4.50　挤出开口位置

调节后鞋子的最终效果如图4.51所示。

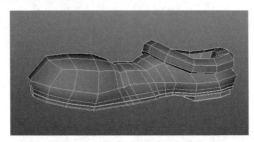

图4.51　鞋子的最终效果

现在主要部分的模型基本完成，剩余一些小零件的制作，如帽子、头发、眼睛等，都没有太难的地方，添加零部件如图4.52所示。

主要需要说明的是眼皮的制作，此动画角色一个很大的特点是眼睛大，在制作眨眼动画时，眼皮如何处理就变得较为重要。眨眼时主要是上眼皮的运动，如果做到一起可能会使面的拉伸比较严重，要么就是很多的面收到一起，所以这里单独做成一个物体。上眼皮使用复制面的方法从眼球上进行复制，单独复制眼皮如图4.53所示。

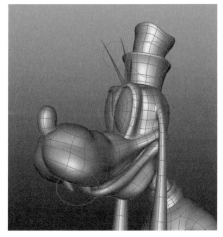 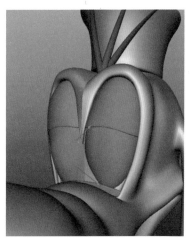

图4.52　添加零部件　　　　　　　图4.53　单独复制眼皮

到这里，整个角色基本就完成了，最终的效果如图4.54所示。

图4.54　最终效果

通过本章的学习使读者掌握了卡通角色建模的一些基本原则，强化了有机模型结构的把握能力，并对如何合理加线制作细节有更进一步的认识。

第 5 章
硬表面的建模

教学目的

● 学习硬表面建模的方法。
● 训练模型结构的把握能力。
● 学习如何合理运用平滑和卡线。

教学重点

● 掌握模型硬表面建模效果的输出。
● 平滑与倒角的使用。

5.1　硬表面建模的常用命令

　　真实世界中具有一定硬度或边缘转折过大的内容一般都通过硬表面建模的方法进行构造。硬表面建模最常用到的命令有Extrude（挤出）、Bevel（倒角）和Smooth（平滑），建模的方法依然是先整体再局部。

5.2　消音器的制作

　　首先来制作一个消音器模型。这是硬表面建模的基础实例，消音器示例图如图5.1所示。

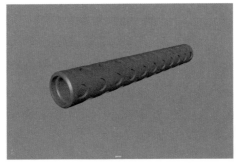

图5.1 消音器示例图

首先，创建一个多边形圆柱，按T键更改其分段数为24，更改圆柱体参数如图5.2所示。

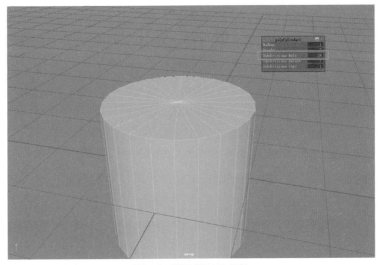

图5.2 更改圆柱体参数

除多边形圆柱体最顶上的面外全部删除，创建圆片如图5.3所示。

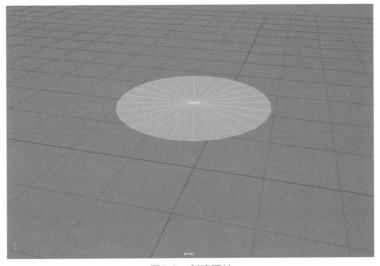

图5.3 创建圆片

进入Edge模式，双击此面外部任意一个边，将外圈边全部选中。执行Extrude（挤压）命令，挤出适当距离即可，效果如图5.4所示。

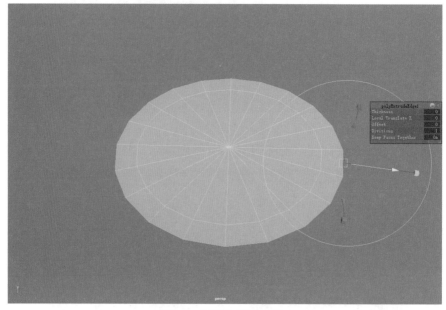

图5.4　挤出边（消音器）

创建一个多边形平面，从右侧Attribute Editor（属性编辑器）中更改其参数属性，如图5.5所示。

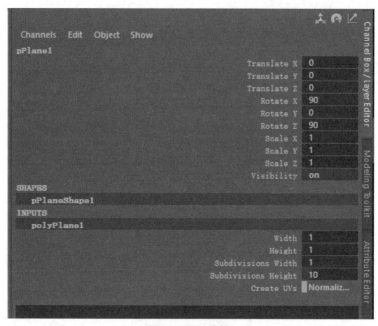

图5.5　更改属性

切换到top视图，对面片进行大小调整，调整其与圆片上下宽度一致，调整面片大小如图5.6所示。

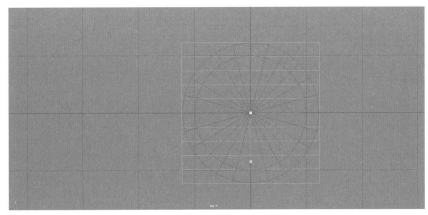

图5.6　调整面片大小

切换到persp视图，圆片的枢轴不在中心点，使用居中枢轴使其枢轴归位，随后对其进行位移，使面片与圆片在同一个平面内。选中圆片，按W键进行位移，按V键进行吸附，这样圆片就能够吸附到面片上了，如图5.7所示。

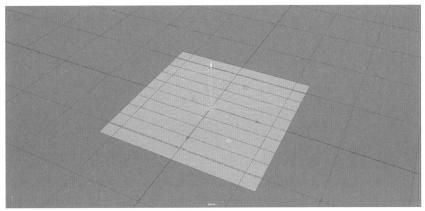

图5.7　吸附

切换到top视图，把面片移动到圆片的左侧，移动面片如图5.8所示。

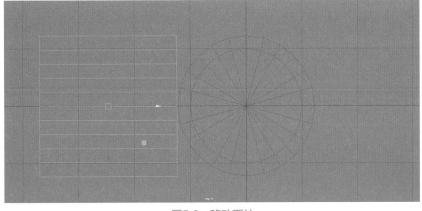

图5.8　移动面片

选中圆片，把不需要的部分删除，如图5.9所示。

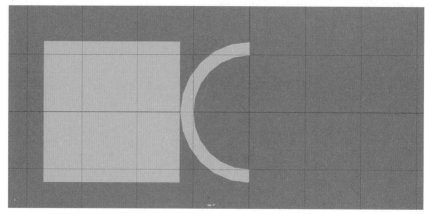

图5.9　删除面

选中两个物体进行Combine（合并）操作，如图5.10所示。

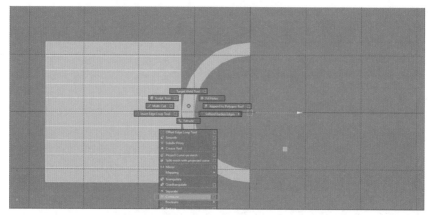

图5.10　合并物体

　　合并后，切换到Vertex模式，按Shift键并右击，向上拖动鼠标，使用Target Weld Tool（目标焊接工具），如图5.11所示。

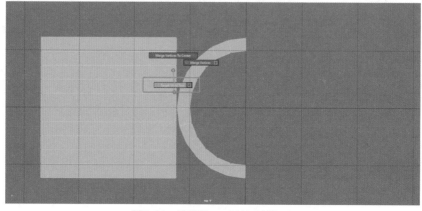

图5.11　使用Target Weld Tool

将光标放到点上，由右向左拖动，吸附圆片的点到面片上，吸附顶点如图5.12所示。

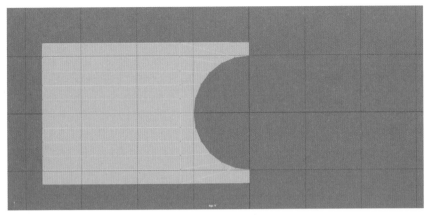

图5.12 吸附顶点

调整左侧长度如图5.13所示。

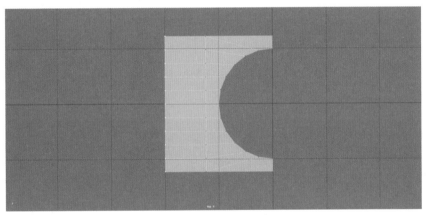

图5.13 调整左侧长度

选中最上方的三个点，按R键进行上下缩放，将其压成一条直线，下方同理。选中最上方的边进行挤出，挤出与下方方格同样宽度的距离，挤出边（横）如图5.14所示。

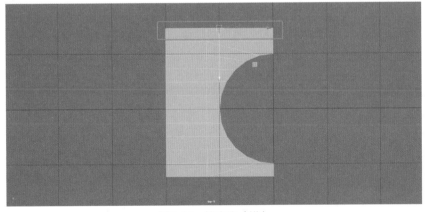

图5.14 挤出边（横）

切换到Object Mode，按Shift键并右击，选择Mirror（镜像复制）命令后的小方块图标，镜像复制如图5.15所示。

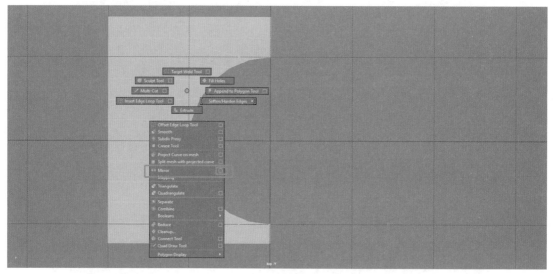

图5.15　镜像复制

调整其参数值如图5.16所示，调整好后单击Mirror（镜像）按钮。

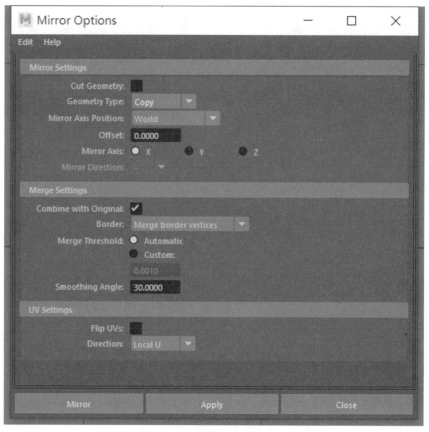

图5.16　调整参数（消音器）

在弹出的对话框中修改Merge Threshold（合并阈值）为0.001，如图5.17所示。

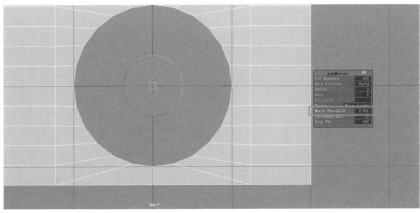

图5.17　调整参数（数值）

选中中间两侧的边并向内收缩，调整细节（消音器）如图5.18所示。

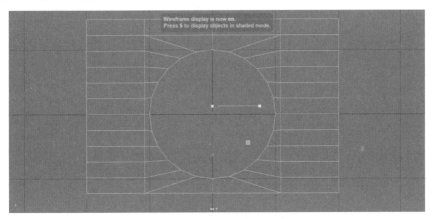

图5.18　调整细节（消音器）

切换到Object Mode，执行Modify（修改）→Center Pivot（中心轴）命令。然后按Ctrl+D组合键进行复制，并将其移动到原物体下方，复制物体如图5.19所示。

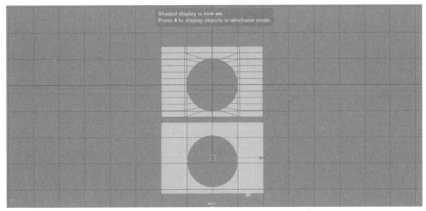

图5.19　复制物体

按住D+V组合键，通过鼠标左键拖曳轴心点吸附到左上角，如图5.20所示。

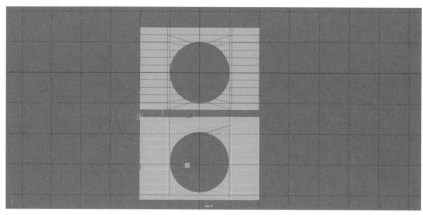

图5.20　移动枢轴（前）

对物体进行移动，移动到原物体最下方中心的位置，吸附物体（消音器）如图5.21所示。

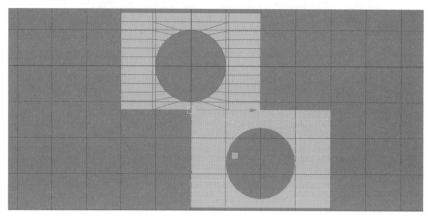

图5.21　吸附物体（消音器）

将两个物体合并，随后框选重合的点进行合并点。中间的两个点选中之后执行合并点到中心的命令，如图5.22所示。

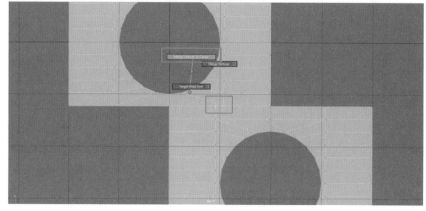

图5.22　合并点到中心

切换到Face模式，删除多余的面，如图5.23所示。

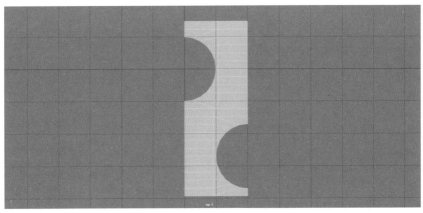

图5.23 删除多余的面（消音器）

切换到Object Mode，再次移动枢轴位置，如图5.24所示。

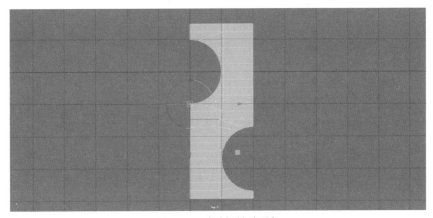

图5.24 移动枢轴（后）

按住Shift键并右击，选择执行Mirror（镜像）选项，重复上一个步骤，把其中Merge Threshold的参数改为0.001，镜像复制后如图5.25所示。

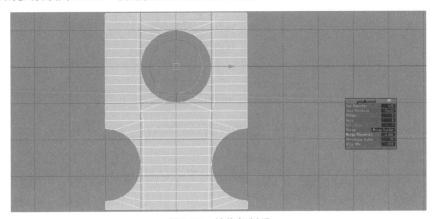

图5.25 镜像复制后

勾选Edit（编辑）菜单栏中Duplicate Special（特殊复制）后的复选框按钮调整其参数，特殊复制如图5.26所示。

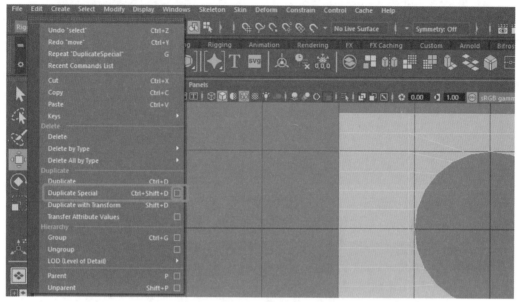

图5.26　特殊复制

如果特殊复制是默认属性（即图5.27所示参数），则直接单击Duplicate Special（特殊复制）按钮即可。

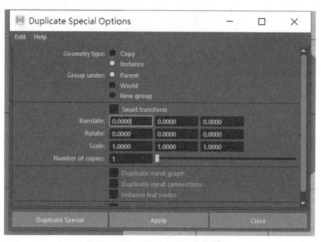

图5.27　默认属性的参数

把复制出来的物体向上移动，头尾重合，切换到Vertex模式，将中间的点对齐，对齐顶点如图5.28所示。

可以发现，上面对齐之后，原物体下方也对齐了，这就是特殊复制的用法，当复制出来的物体改变时，原物体也会改变。对齐顶点之后，复制出来的物体就可以删掉了。切换回persp视图，选中圆形和半圆形的边并向下进行挤出，挤出一定的厚度，挤出边（厚度）如图5.29所示。

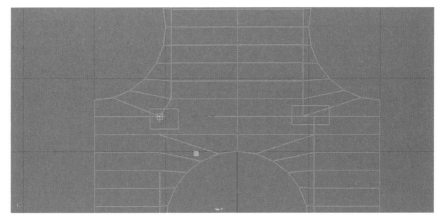

图5.28 对齐顶点

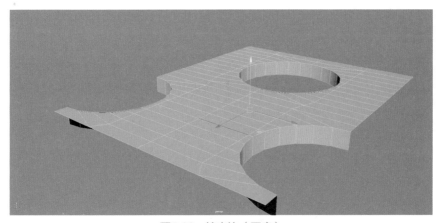

图5.29 挤出边（厚度）

选中圆形和半圆形棱角转折处的边进行倒角，更改其倒角边数为2，倒角（厚度）如图5.30所示。

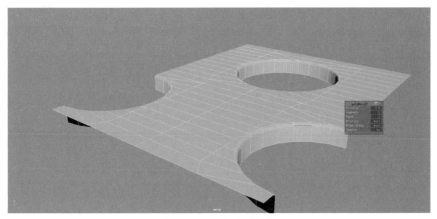

图5.30 倒角（厚度）

切换回Object Mode，按住D键的同时按住V键拖动中心点，移动枢轴位置至物体最左侧，移动枢轴（厚度）如图5.31所示。

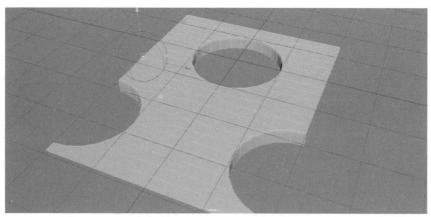

图5.31　移动枢轴（厚度）

按Ctrl+D组合键复制物体，并对其进行位移，长按V键拖动物体至原物体最右侧，复制并移动物体如图5.32所示。

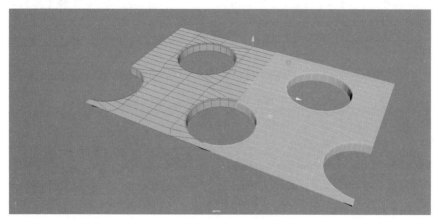

图5.32　复制并移动物体

再次按Shift+D组合键重复复制，共复制8个，具体复制个数依据消音器的长短而定，较长的消音器可多复制一两个，较短的消音器可少复制一两个，复制物体如图5.33所示。

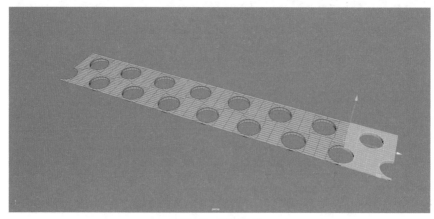

图5.33　复制物体

选中所有的物体进行合并操作，合并之后切换到Vertex模式，框选所有的顶点，执行
Merge Vertices命令，合并物体、合并顶点如图5.34所示。

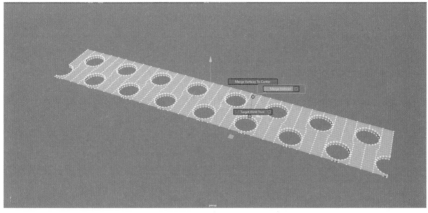

图5.34 合并物体、合并顶点

切换到top视图，选中左下角的一些面，选择面如图5.35所示。

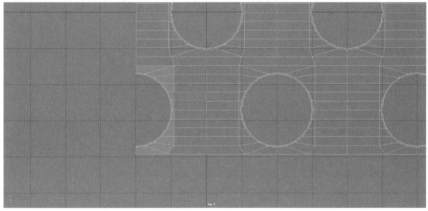

图5.35 选择面

选中如图5.36所示的边缘边。

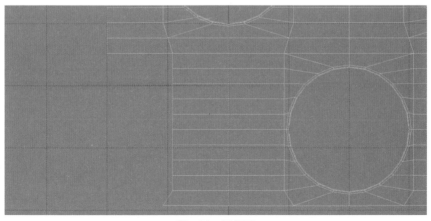

图5.36 选择线

进行一次向左的挤出，挤出边如图5.37所示。

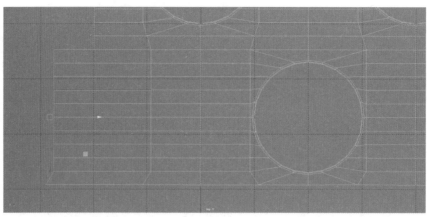

图5.37　挤出边（左）

按D键选中边的枢轴，同时按V键转换至上边，移动枢轴（左）如图5.38所示。

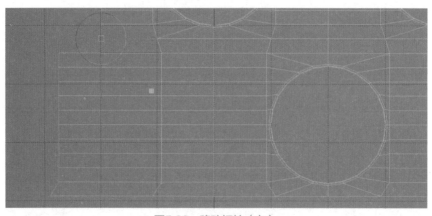

图5.38　移动枢轴（左）

按R键将其打直，打直的线就会与上面的线在同一条直线上，另一边同理，打直线段如图5.39所示。

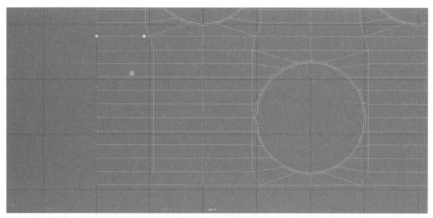

图5.39　打直线段

切换回Object Mode，长按V键将枢轴移动至物体的最上边，如图5.40所示。

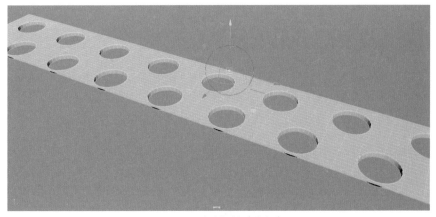

图5.40 移动枢轴（全部）

按Ctrl+D组合键复制一个物体，长按V键将物体移动到原物体的最下方，再次按Shift+D组合键并复制，共三排即可，复制物体（整合）如图5.41所示。

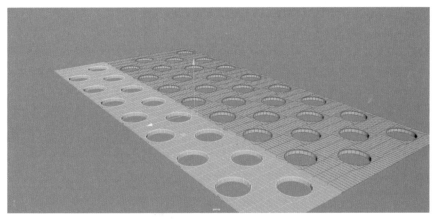

图5.41 复制物体（整合）

将三个物体合并，再合并顶点，如图5.42所示。

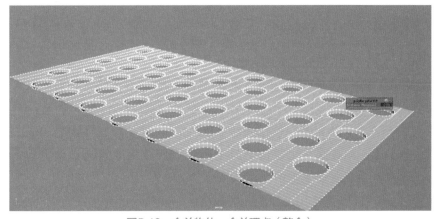

图5.42 合并物体、合并顶点（整合）

选中物体，执行Deform（变形）→Nonlinear（非线性）→Bend（弯曲）命令，如图5.43所示。

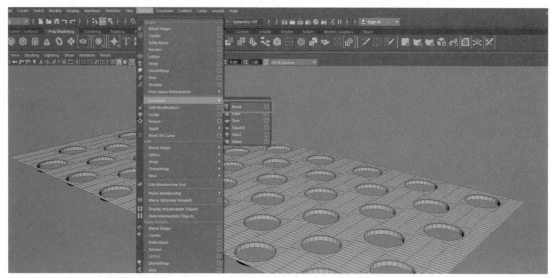

图5.43 弯曲

此时物体上会出现一条线，选中这条线，对其进行旋转Z轴为-90°，如图5.44所示。

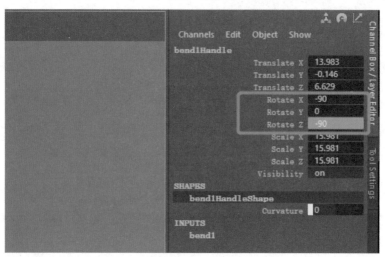

图5.44 旋转

单击属性编辑器下方的bend1按钮，对其弯曲程度进行调整，调整参数（整合）如图5.45所示。

具体参数大小不能够确定，一般物体都会有误差，制作的消音器Curvature（弯曲度）在360左右，在360左右多试几个数值，能把两头恰好接上即可，调整参数（弯曲）如图5.46所示。

切换到Vertex模式，调整到side视图，框选相接部位的点进行合并顶点，合并顶点（弯曲）如图5.47所示。

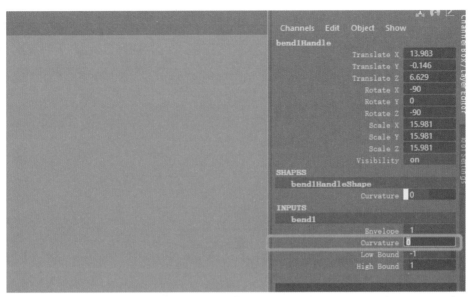

图5.45　调整参数（整合）

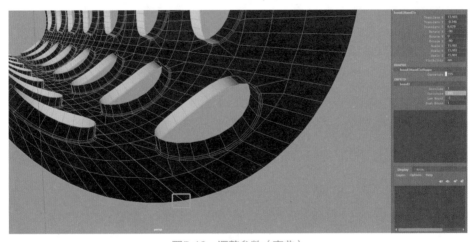

图5.46　调整参数（弯曲）

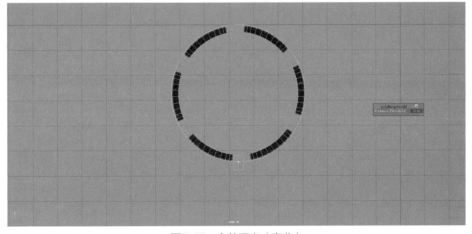

图5.47　合并顶点（弯曲）

调整好之后，切换回Object Mode，执行Edit（编辑）→Delete by Type（删除类型）→History（历史）命令即可。对物体执行Center Pivot（中心轴）命令，然后按住X键将其吸附拖动至场景中心点，再选中物体一半的面进行删除。选中最前面一圈边向内进行挤出，挤出一定厚度即可，如图5.48所示。

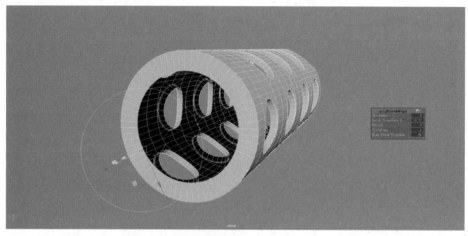

图5.48 挤出边（头部）

枪口转折处进行一次倒角，如图5.49所示。

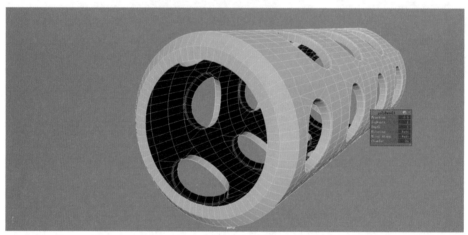

图5.49 倒角（头部）

选中倒角产生的两条边，再进行一次倒角，并更改其参数，Fraction（小部分）改为0.1，Segments（部分）改为2，倒角参数如图5.50所示。

选中内侧圆边，向内进行挤出边，挤出边（枪口）如图5.51所示。

转折处进行倒角，倒角（枪口）如图5.52所示。

选中最里侧圆边进行一次挤出命令，然后再合并顶点到中心，填充洞如图5.53所示。

将补上的面全部选中，执行Extract（提取面）的命令，可长按Tab键把面全部选上，提取面（枪口）如图5.54所示。

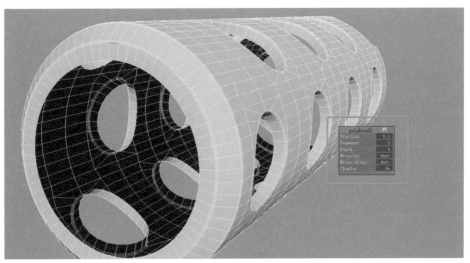

图5.50　倒角参数

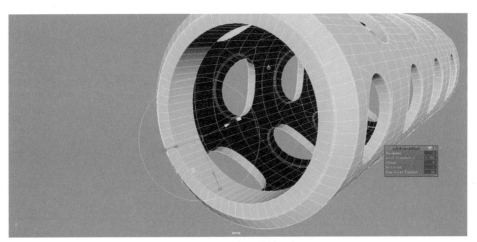

图5.51　挤出边（枪口）

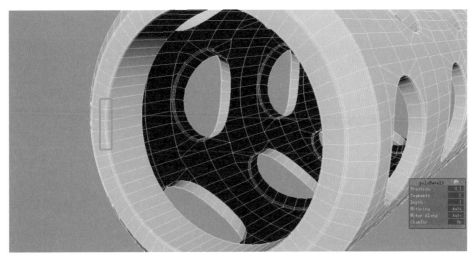

图5.52　倒角（枪口）

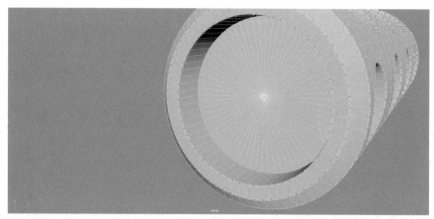

图5.53 填充洞

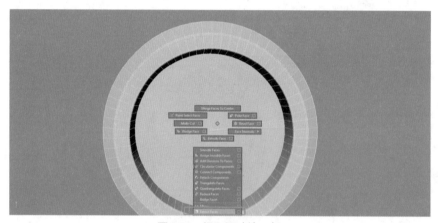

图5.54 提取面（枪口）

切换回Object Mode，选中提取出来的面，居中枢轴后对其进行一定程度的缩小，再向后进行挤出面，面的位置调整到物体最后。如果面反转了可以全选面，然后按Shift键并右击，拖动鼠标向右下角滑动，选择Face Normals（面法线）→Reverse Normals（反转法线）命令。接着把挤出面的尾部面删掉，如图5.55所示。

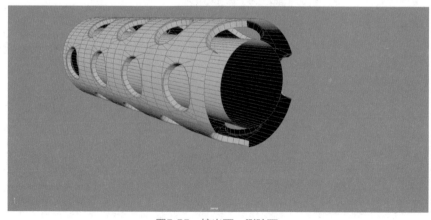

图5.55 挤出面、删除面

再次选中前口处的圆面，向内进行缩放挤出，再向后进行位移挤出，挤出面（枪口）如图5.56所示。

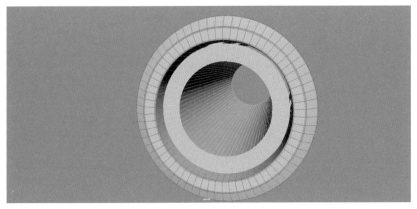

图5.56　挤出面（枪口）

将枪口内侧转折处进行倒角，倒角出来的两条边再次进行一次倒角，与上面倒角的步骤相同，倒角（细节）如图5.57所示。

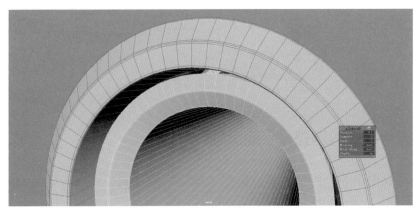

图5.57　倒角（细节）

切换回Object Mode，选中两个物体进行镜像复制即可，镜像复制（整体）如图5.58所示。

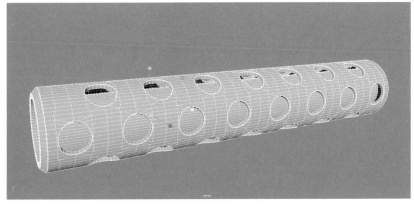

图5.58　镜像复制（整体）

最后，在四视图中进行调整即可，整体调整后的效果如图5.59所示。

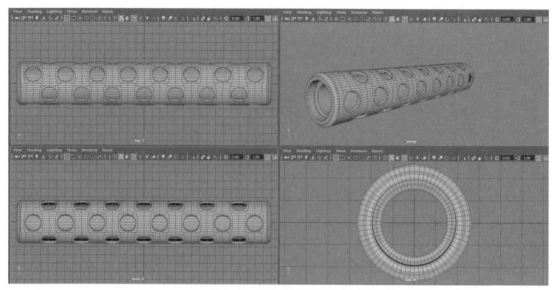

图5.59　整体调整后的效果

5.3　硬表面建模实例

5.3.1　构造整体平面大型

首先在正视图中导入所要做模型的参考图，把图片向后移动一定距离，参考图如图5.60所示，导入参考图如图5.61所示。

图5.60　参考图

单击Create（创建）→Polygon Primitives（多边形基本几何体）→Plane（多边形平面）后面的方块图标，如图5.62所示。

在弹出的对话框中修改参数，如图5.63所示。

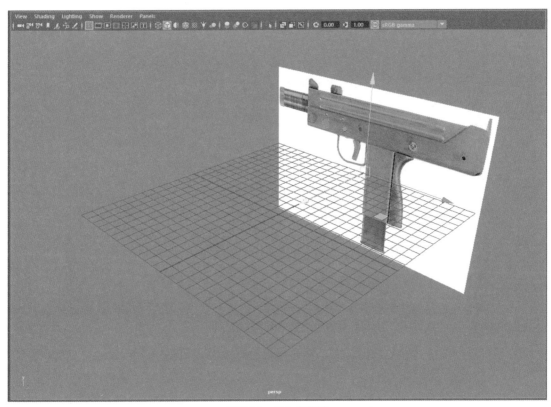

图5.61　导入参考图

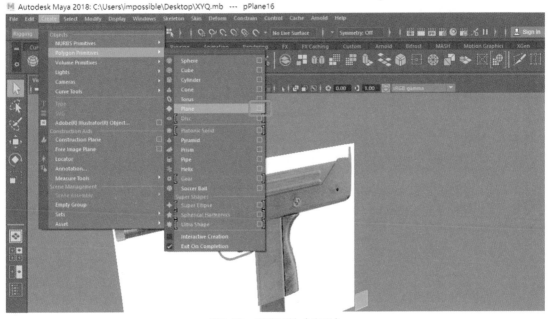

图5.62　更改属性（步骤）

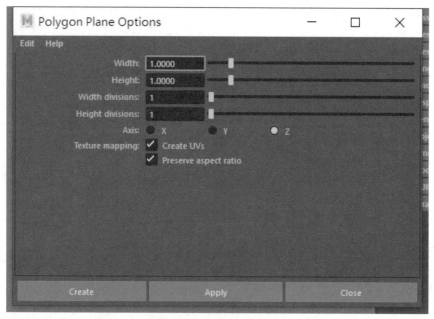

图5.63　更改属性（参数）

创建多边形圆柱体和多边形平面，搭建出机枪的大型，如图5.64所示。

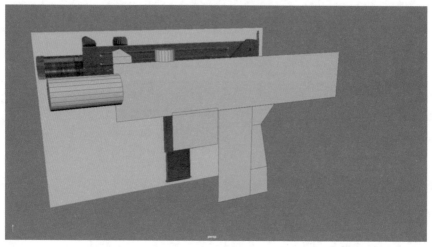

图5.64　搭建大型

注意，大型不需要多准确，把大致形状摆出即可，摆出大型即可逐步进行处理。

5.3.2　零部件处理

首先，从枪口开始一步一步处理。根据正视图参考图，对其插入一条循环边之后，选择面进行挤出即可，挤出面（零部件）如图5.65所示。

选择枪口处的面，先向内挤出，再向后挤出，制作出枪道，如图5.66所示。

将枪口模型后方看不见的面删除，如图5.67所示。

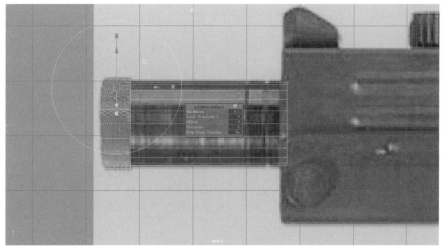

图5.65　挤出面（零部件）

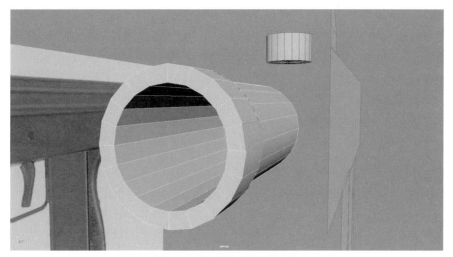

图5.66　挤出面（零部件边）

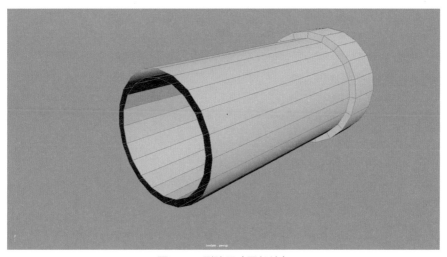

图5.67　删除面（零部件）

将枪口转折处进行倒角并卡线，如图5.68所示。

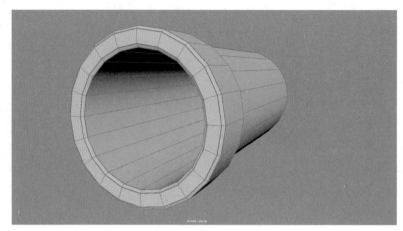

图5.68　倒角、卡线

在后方插入四条循环线，选中中间的面，向内挤出凹槽，转折处再进行倒角与卡线，按3键后观察圆滑后的显示效果，如图5.69所示。

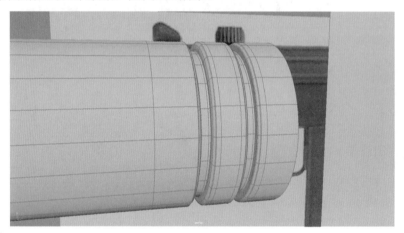

图5.69　循环边、挤出面

做好后可以对其进行一次圆滑处理，如图5.70所示。

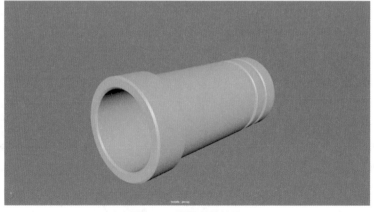

图5.70　圆滑后的效果

创建多边形立方体并删除底下的面，调整造型如图5.71所示。

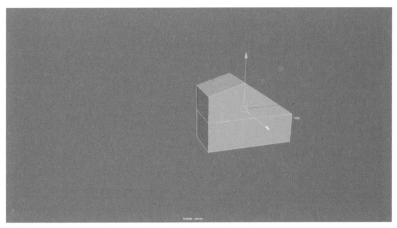

图5.71 挤出面（装饰）

选中最上面的一条边进行倒角，设置Fraction（数值）为0.5、Segments（分段数）为2，如图5.72所示。

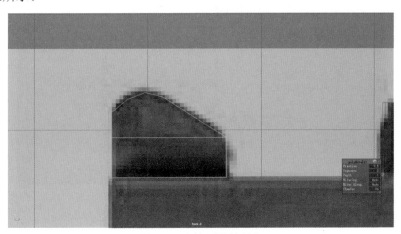

图5.72 倒角（装饰前）

倒角后的*N*边面通过Multi-Cut工具进行连接，如图5.73所示。

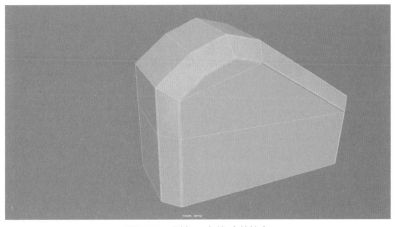

图5.73 倒角、卡线（装饰）

选中中间的一圈边进行一次倒角，如图5.74所示。

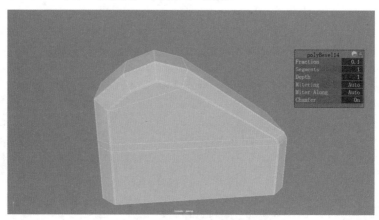

图5.74　倒角（装饰后）

在平滑之前先按3键看一下圆滑预览效果，效果可以后再进行一次平滑，如图5.75所示。

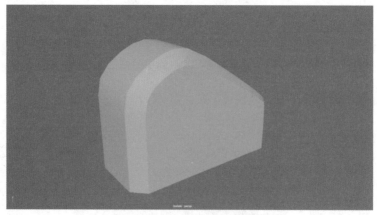

图5.75　平滑后的效果（装饰）

创建多边形圆柱体，将圆柱体细分数调为24，选中中间所有的面进行挤出，挤出时单击浮窗中Keep Faces Together（保持面链接）选项后面的按钮将其改为Off（关闭），这样挤压出的面才不会是一体的，挤出面（装饰）如图5.76所示。

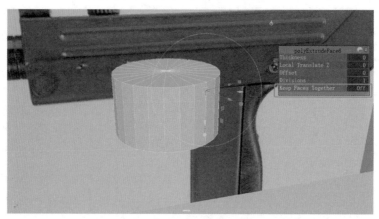

图5.76　挤出面（装饰）

挤压后按R键进行上下、左右挤压，如图5.77所示。

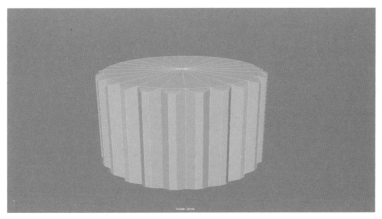

图5.77　挤出长方体

切换到Edge模式，对轮廓边进行一次倒角，倒角参数修改如图5.78所示。

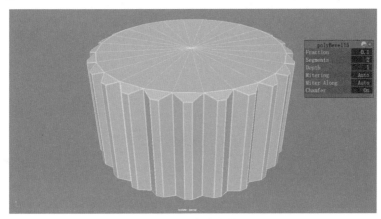

图5.78　倒角参数

从top视图框选中间的圆面并按Delete键删除，如图5.79所示。

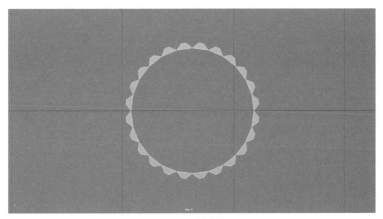

图5.79　删除圆面

切换到Edge模式，向内进行挤出，挤出到一定程度后再向下挤出一定深度，重复挤出凹槽形状，在最后挤出一次边后直接合并顶点到中心，如图5.80所示。

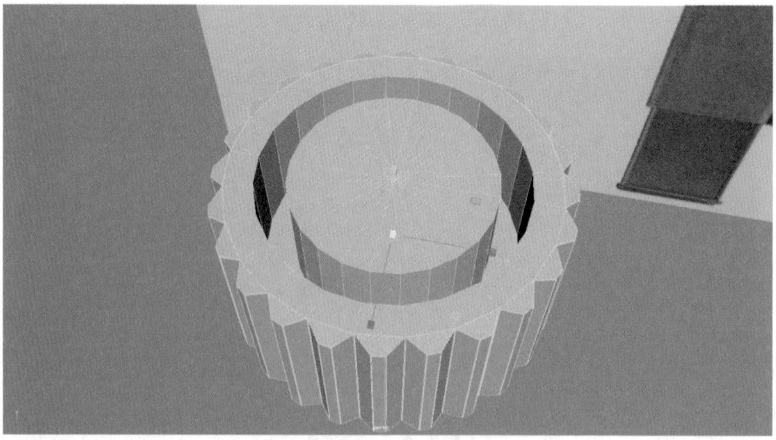

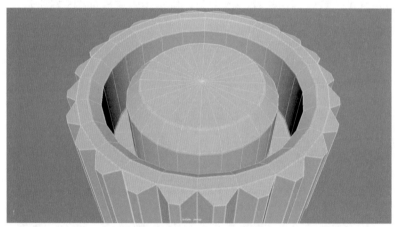

图5.80　挤出边、合并顶点到中心

将转折处进行倒角和卡线，如图5.81所示。

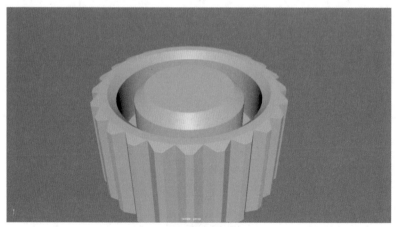

图5.81　倒角、卡线（转折）

进行一次平滑，效果如图5.82所示。

图5.82　平滑后的效果（转折）

接下来处理枪身部分。为了更加快捷地制作出枪身，可以将其分成两部分来处理，制作枪身如图5.83所示。

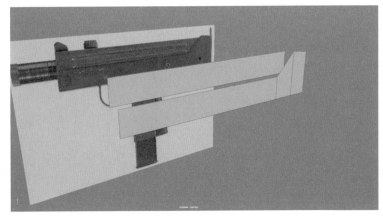

图5.83　制作枪身

选中面进行挤出，中间加一条中线，然后选中一半的面进行删除，这方便以后把另一半复制出来。同时将连接枪身看不到的面也进行删除，保留三个面即可，如图5.84所示。

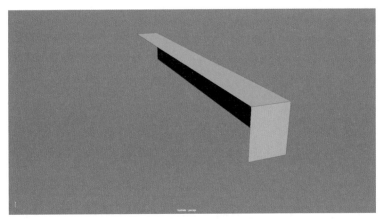

图5.84　添加中线、删除面

选中枪身棱角处的三条边进行倒角，倒角宽度根据参考图进行调整，倒角Segments（分段数）设置为4，倒角（枪体）如图5.85所示。

图5.85　倒角（枪体）

在枪身凸起的地方进行加线，用循环边将凸起部位包裹，添加循环边（枪体）如图5.86所示。

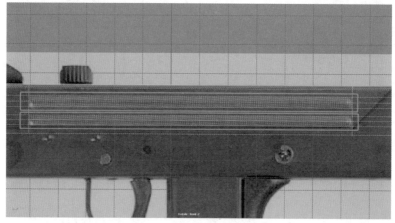

图5.86 添加循环边（枪体）

调整方形中间顶点的位置，调整形状（枪体）如图5.87所示。

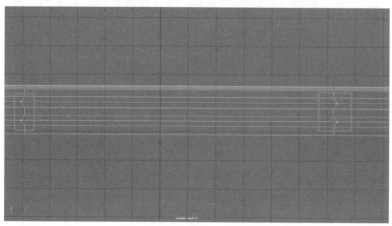

图5.87 调整形状（枪体）

选中中间的面向外挤出，并根据参考图调整形体，挤出面（枪体）如图5.88所示。

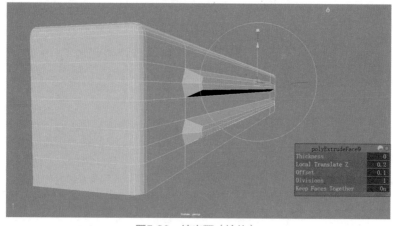

图5.88 挤出面（枪体）

在新挤压面的前后进行卡线，构建模型硬表面结构。最后进行平滑，如图5.89所示。

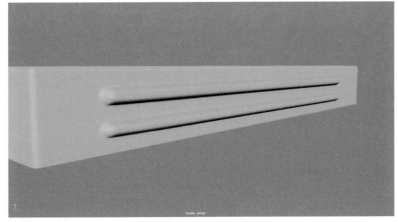

图5.89 卡线、平滑后的效果（枪体）

选择物体镜像复制出另外一半并合并，如图5.90所示。

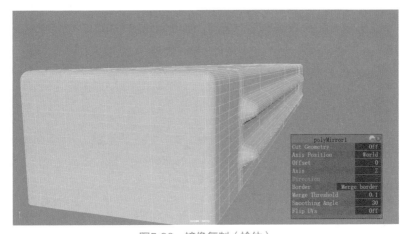

图5.90 镜像复制（枪体）

接下来处理下半部分，操作方法同上，如图5.91所示。

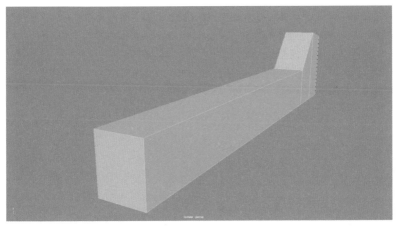

图5.91 挤出面、删除一半的面

双击选中物体后侧的倒数第二圈边进行倒角，倒角宽度调小，Segments（分段数）设置为2，如图5.92所示。

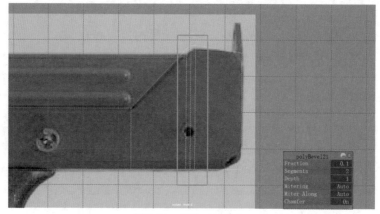

图5.92　倒角（枪尾）

选中最后面转折处的两条边进行倒角，根据参考图调整顶点位置，如图5.93所示。

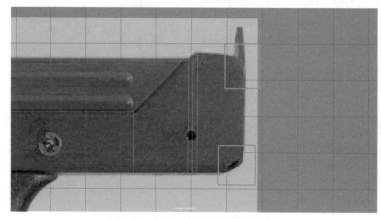

图5.93　倒角、调整位置（枪尾）

把倒角产生的多边面用Multi-Cut工具进行连接。然后选中所有外轮廓边和转折处的边（不包括对称线上的边），如图5.94所示。

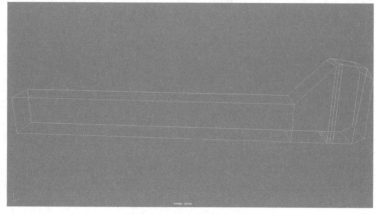

图5.94　选中边（枪尾）

对所有选中的边进行倒角，Segments（分段数）设置为2，倒角（整体）如图5.95所示。

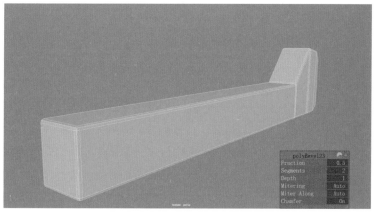

图5.95　倒角（整体）

接下来处理枪身后面的小洞，可以借用图5.96所示的三条线来进行扣洞。

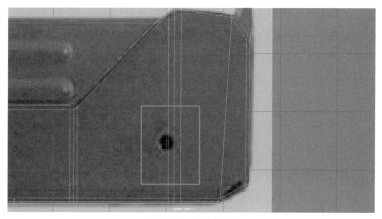

图5.96　观察物体

切换到Edge模式，选中如上三条边，向左移动至洞口处并对齐参考图，然后再插入三条与这三条线垂直的循环边，如图5.97所示。

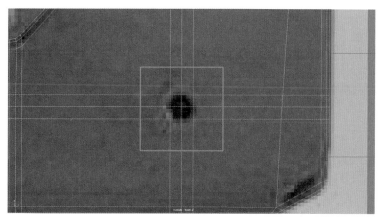

图5.97　创建出正方形

调整点形成圆形围绕状态，然后切换到Face模式，将中间的面删除，如图5.98所示。

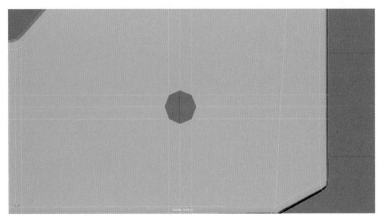

图5.98　调成圆的形状、删除面

选中圆形的一圈边，向内挤出一定深度，再挤出一次后执行Merge Vertices to Center（合并顶点到中心）操作，以封闭洞口。对洞口边缘进行卡线，效果如图5.99所示。

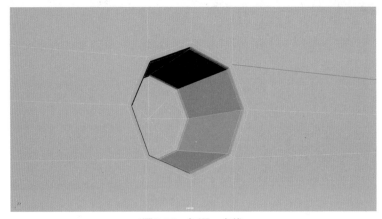

图5.99　扣洞、卡线

完成后对模型平滑处理，如图5.100所示。

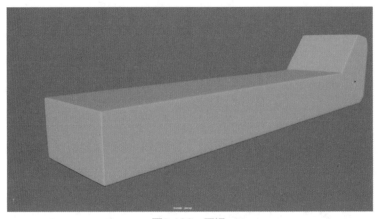

图5.100　平滑

　　枪上用到的螺丝共有两种：一种是十字螺丝，另一种是六边形螺丝。六边形螺丝较为简单，这里直接讲解十字螺丝。

　　首先，创建一个分段数为16的多边形圆，然后删除下面的一半面，删除面（螺丝）如图5.101所示。

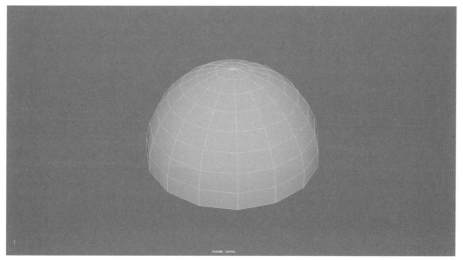

图5.101　删除面（螺丝）

　　将最顶部圆中辐射状的边删除，只留下十字边，然后再用Multi-Cut工具连接边，连接边（螺丝）如图5.102所示。

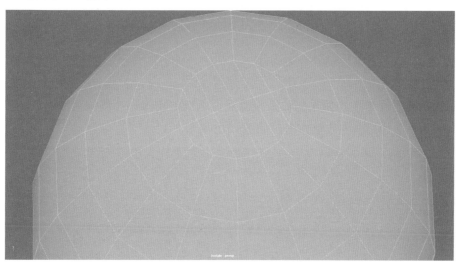

图5.102　连接边（螺丝）

　　双击选中中间的十字边进行倒角，倒角Fraction（小部分）设置为0.8，倒角（螺丝）如图5.103所示。

　　选中中间倒角产生的十字面，不要全选，两边留一些面，进行向下挤压，挤出一定深度后再打扁面成一个平面，如图5.104所示。

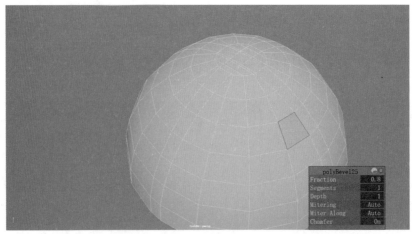

图5.103 倒角（螺丝）

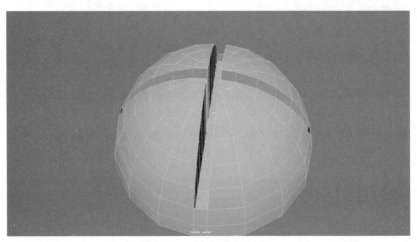

图5.104 挤出面（螺丝）

　　再对转折处进行卡线，如果整体太鼓的话可以选中物体进行整体上下缩放。卡线之后选中最下侧的一圈边，向内收缩挤出，如图5.105所示。

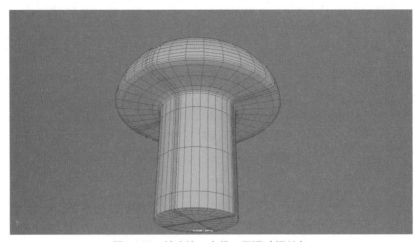

图5.105 挤出边、卡线、平滑（螺丝）

创建一个多边形圆柱体，更改其细分数如图5.106所示，然后上下压扁。

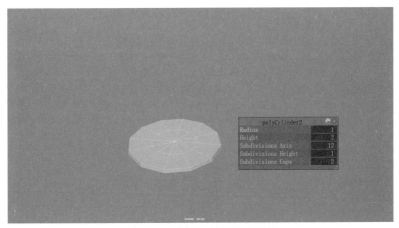

图5.106 创建圆柱、更改属性

删除中间的面，选中中间的两圈边进行桥接，形成一个圆环状，如图5.107所示。

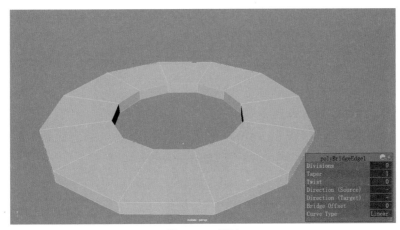

图5.107 桥接

再对这两条边进行卡线，然后进行平滑处理。调整位置后的效果如图5.108所示。

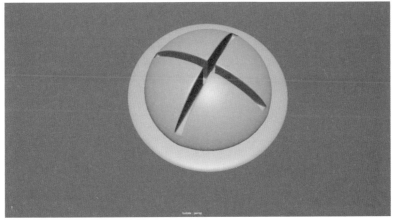

图5.108 螺丝的效果

将做好的螺丝和六边螺丝对应参考图一一摆在枪上。摆好后选中所有的螺丝零部件，将其枢轴调整到X轴上后，让其关于Z轴对称，即可将枪身的另一边也复制到相同的位置，对称复制如图5.109所示。

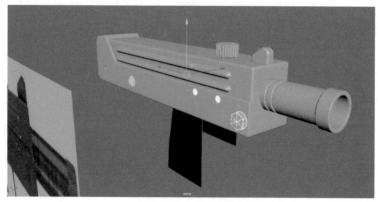

图5.109　对称复制

枪身下方，首先将整个平面挤出，找到弧度处所对应的边进行倒角，如图5.110所示。

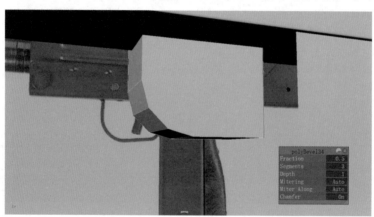

图5.110　倒角（扳机）

另一边同样进行倒角，然后选中中间的面，向内进行挤出，挤出面（扳机）如图5.111所示。

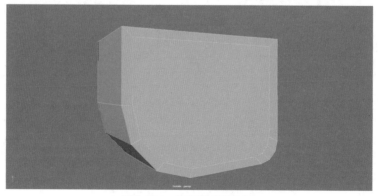

图5.111　挤出面（扳机）

将多余的面删除，看不见的面也删除，只留下最外一圈的面，如图5.112所示。

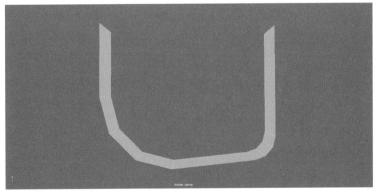

图5.112 删除面（扳机）

将所有面选中，进行挤出，挤出一定的厚度，再将棱角转折处的边选中进行卡线、平滑处理即可，如图5.113所示。

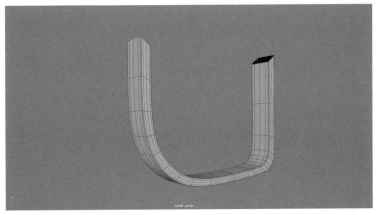

图5.113 挤出、卡线、平滑处理（扳机）

中间部件先进行挤出厚度，删除一半面，并将与枪身连接的看不见的面也删除，挤出面、删除面（扳机）如图5.114所示。

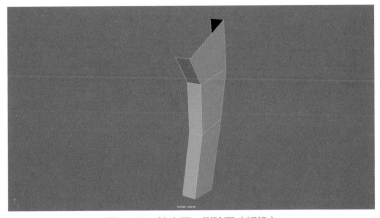

图5.114 挤出面、删除面（扳机）

先对中间弧度比较大的地方进行处理，选中两圈边进行倒角，如图5.115所示。

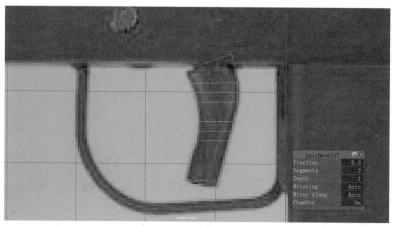

图5.115　倒角（扳机）

选中外侧一圈的轮廓线，进行倒角，修改为小斜面，倒角（扳机内部）如图5.116所示。

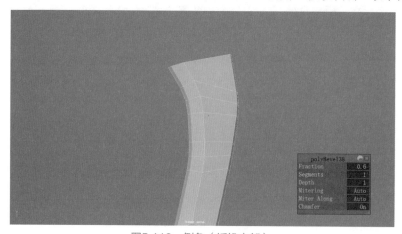

图5.116　倒角（扳机内部）

对物体转折处进行卡线和平滑处理，最后进行镜像复制，如图5.117所示。

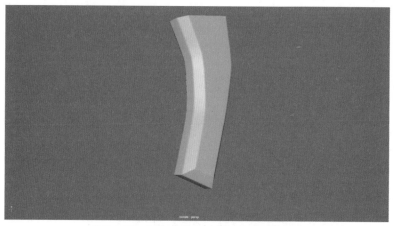

图5.117　卡线、平滑、对称（扳机内部）

弹夹部位同样进行挤出面，删去其中的二分之一，如图5.118所示。

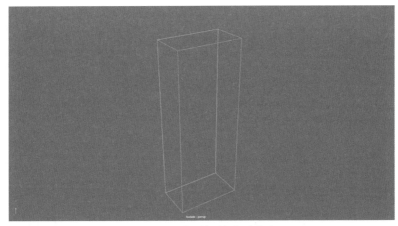

图5.118　选取边（扳机内部）

选择边进行倒角，如图5.119所示。

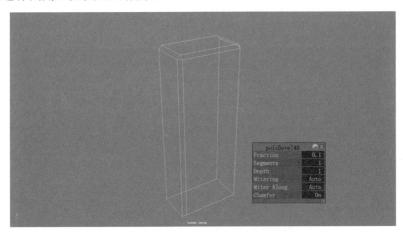

图5.119　倒角（弹夹）

将最下面的面删除，然后挤出一定的厚度，如图5.120所示。

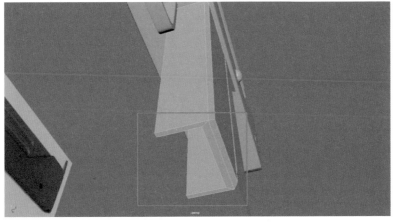

图5.120　挤出边（弹夹）

选择物体执行Mesh（面）→Mirror（镜像复制）命令，将物体合并在一起后进行卡线处理，最终整体进行圆滑处理后得到外壳的最终效果，如图5.121所示。

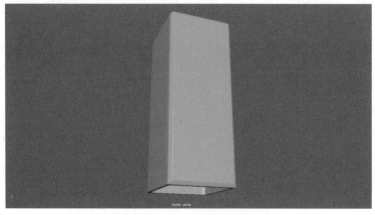

图5.121　弹夹外壳的最终效果

右侧的部件与开始步骤一样，通过多边形立方体建出大型并根据参考图调整，如图5.122所示。

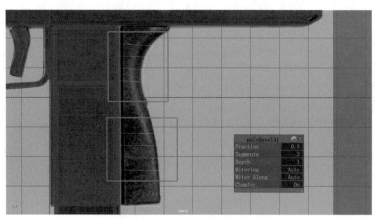

图5.122　倒角（弹夹后部）

进入Edge模式并选中物体上面的两条线，选中边如图5.123所示。

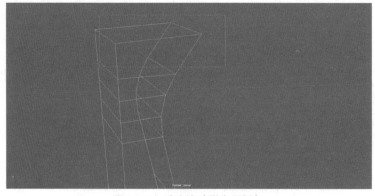

图5.123　选中边（弹夹后部）

进行倒角处理，以制作出倾斜的面，具体参数如图5.124所示。

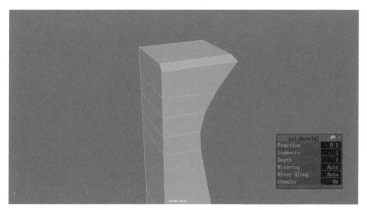

图5.124　倒角参数（弹夹顶部）

将倒角产生的多边面用Multi-Cut工具连接起来。然后选中右侧转折处以及上下方的边，如图5.125所示。

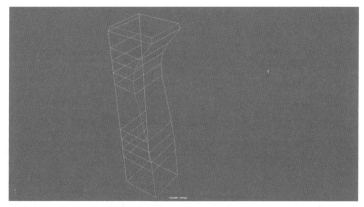

图5.125　选中边（弹夹顶部）

对选中的边进行倒角处理，倒角后最下面会产生"N边面"，记得连接，倒角参数如图5.126所示。

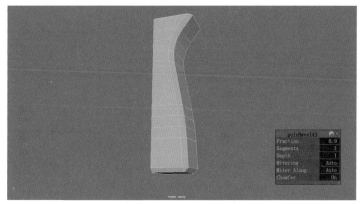

图5.126　倒角参数（弹夹整体）

调整无误后进行卡线、平滑、镜像复制处理即可，如图5.127所示。

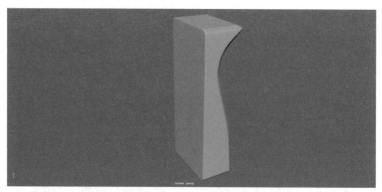

图5.127　弹夹的整体效果

做完后整体检查一遍，如有N边面的情况，通过Multi-Cut工具进行连线处理；形体不准确的通过调整点进行细节修整；有些细节确定仍需调整大型的，可以通过Soft Selection模式进行调整。

5.3.3　最后优化

将做好的各部件按参考图组合在一起，在保存最后文件之前做最后优化处理。首先执行Edit（编辑）→Delete by Type（删除类型）→History（历史）命令，清除无用历史；再执行File（文件）→Optimize Scene Size（优化场景大小）命令，移除空的、多余的节点、材质、组等信息；最后摆放一个好的姿态再保存场景，如图5.128所示。

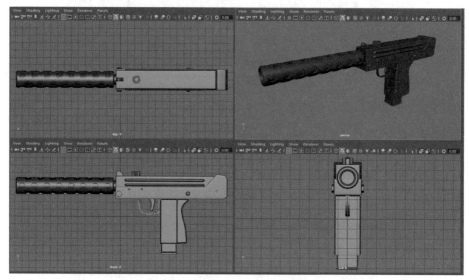

图5.128　最终效果（硬表面）

通过本章的学习，使读者了解硬表面建模的相关流程和注意事项，掌握硬表面建模的相关命令，在巩固所学基础知识点的同时，利用实践过程的训练，熟练运用各建模工具进行硬表面的塑造。对后续其他硬表面建模，如机器人、飞机、概念机械等内容打下坚实基础，希望读者多多练习，找到自己的建模思路。

图书资源支持

感谢您一直以来对清华版图书的支持和爱护。为了配合本书的使用,本书提供配套的资源,有需求的读者请扫描下方的"书圈"微信公众号二维码,在图书专区下载,也可以拨打电话或发送电子邮件咨询。

如果您在使用本书的过程中遇到了什么问题,或者有相关图书出版计划,也请您发邮件告诉我们,以便我们更好地为您服务。

我们的联系方式:

地　　址:北京市海淀区双清路学研大厦 A 座 714

邮　　编:100084

电　　话:010-83470236　　010-83470237

客服邮箱:2301891038@qq.com

QQ:2301891038(请写明您的单位和姓名)

资源下载:关注公众号"书圈"下载配套资源。

资源下载、样书申请

书圈

图书案例

清华计算机学堂

观看课程直播